U0051832

行銷，說出故事力

故事行銷推薦講師
張宏裕◎著

傳遞理念＆商品價值的49個感召法則

本書教你精確掌握——

故事行銷三部曲　說明人物與情境、描述衝突與問題、提出對策與價值
故事行銷黃金圈　動機（why）、對象（who）、來源（what）、場合（where）
故事 TTI 三原則　引爆點、轉折點、啟發點

作者簡介

張宏裕——「新一千零一夜」說故事人

「會哭會笑，人生奏效」。雖然AIot時代已來臨，但真切的情感卻是人工智能無法超越取代的能力，而「故事」就能讓人們真情至性地流露情感。

「將苑領導工作坊」、「故事方舟文創工坊」創辦人，張宏裕已累積近百場「說故事的領導力」、「說故事行銷」企業培訓經驗，講授超越AI的「說故事深度學習法」及「致勝說服的技巧」。擅用故事促動人心，演說深具啟發，旁徵博引管理學說，信手拈來實務案例，讓學員於學習過程中如沐春風，品賞知識學習的饗宴。

善於理性左腦寫論文、感性右腦寫散文；喜歡散步隨想、喝咖啡品人生；享受自彈自唱、淺酌微醺之樂；珍愛老歌、老友、老照片，讓回憶永不褪色。

畢業於國立清華大學應用數學系、中央大學統計研究所。曾擔任臺灣固網業務處長、聯強國際資深產品經理、行政院主計處研究員等職務。

曾主持「今夜，我們來說故事」、「亮點一二三讀書會」等廣播節目、專案經理雜誌「領導，活用你的故事力」專欄作家、公務人力中心講座。來往兩岸三地授課，受邀於「二〇〇五年中國首屆人力資源博覽會暨人力資源產業論壇」，發表「團隊建立計分卡」專題演講。

著作：《會說故事的巧實力》、《求異——以亮點思維解決問題，改變工作遊戲規則》、《活用故事力——打造高績效A+團隊的32個成功法則》、《領導，活用你的故事力——先說故事，再講道理》、《逆境學摩西》等。

教授「當責與共好的執行力」、「設計思考與跨域創新」、「神文案的銷售力」、「信望愛教練型領導力」、「感動服務與顧客關係管理」、「正念減壓與情緒管理」等培訓課程。

演講及培訓邀約

・聯絡電話：0922-441-222
・E-mail：engedisteve@gmail.com
・將苑領導工作坊／故事方舟文創工坊：www.storyark.com.tw

本書願獻給

所有透過故事傳揚「真、善、美」價值的人，

一起活出美好！

推薦序

想做好行銷，請說一個動人的好故事

動腦雜誌社社長 王彩雲

多年前就有動腦讀者向我們反應，《動腦雜誌》談行銷的內容太過生硬，不容易讀。當下我們編輯群就做決定，先從說故事起頭，讓每一個和封面主題相關的案例，都能打動人心。

例如：《動腦》二〇一六年十一月號談「通路行銷再進化：無店鋪經營之道」，就分享一個日本企業江崎固力果（Glico是一家日本大型糖果糕點公司）透過消費者調查發現，辦公室是僅次於自家，日本民眾頻繁吃零食的地點，於是就把他們的銷售據點設在每一家企業的辦公室裡，作法是在各個企業的辦公室，安設一座小型的三層收納櫃或迷你冰箱「Refresh Box」，櫃內商品都是由固力果的職員定期巡店，進行補充，藉此銷售零嘴。

因為固力果的職員必須定期巡店補貨，在這個概念上，他們更發展出人物造型：「江崎固力果（Glico）」跑跑先生。這個角色行銷的活招牌，也成為大阪道頓堀的地標，旅客也會拍照留念。目前日本全國已有十一萬間公司引進「Refresh Box」，設置總數超過十三萬台。

像這樣的故事行銷，充分說明在媒體氾濫的今天，消費者已經不再相信廣告，因此傑出商品想行銷自己，都需要靠一個感動人的好故事，來打動人心！

很高興看到作者張宏裕，他以豐富的感性情懷為筆調，寫了《行銷，說出故事力》一書，促使我們都能成為「新一千零一夜」說故事人——高感性、高關懷。宏裕並將故事行銷可以彰顯的範疇延伸至人格、理念、商品、服務、品牌。上述「江崎固力果」的商業模式與塑造的跑跑先生，就如宏裕所說的：故事行銷是賦予產品意義，使顧客對之產生情感連結與興趣。

這和Yahoo最近推的原生性廣告（Native AD）有異曲同工之妙，因為所謂的Native AD亦即「與其做廣告行銷自己，不如透過一個好故事成為溝通與說服的工具，增加商品銷售利益並建立品牌形象」。

但願所有的品牌，都有一顆解讀消費者的心，在行銷自己品牌時，能說一個感動人心的好故事，讓消費者心動並行動！

推薦序

讓我們一起找回說故事的魔力

童書作家與插畫家協會台灣分會會長 嚴淑女

身為一個童書作家，我經常為孩子說故事、寫故事。不管在繁忙城市、幽靜深山，在國內、到國外，我發現大人、小孩都愛聽故事，那一雙專注、微笑的雙眼，都是因為故事施展了魔力。

而「說故事」是上天賜給人類獨特的能力，從遠古在火爐邊說的故事，到阿拉伯那個用《一千零一夜》的故事拯救無數生命的女孩。故事擁有的神奇魔力，讓說故事、聽故事的人在特殊的氛圍、時空中，一起歡笑、落淚，這種奇妙的情感交流，因觸動心靈而彼此更為貼近。

很高興看到這本《行銷，說出故事力》以49個故事，讓我們輕鬆回歸本能，從聽故事中學習最真誠的分享，讓各行各業的人都能找到適合自己的故事，應用在自己的專業和生活領域之中；同時改變觀念，讓故事活化並豐富生命。

書中更自然地融合說故事理論、實務和故事圖卡，讓我們學習說故事的訣竅與寫故事的技巧，讀來輕鬆卻發人深省，也相當地實用，這是這本書不同於其他行銷書籍的獨特之處。

「故事活化我們的右腦，讓我們成為高感性、高關懷的人。」這個觀點正提出故事在這個時代的重要性——如何藉由打動人心的故事，豐富自己和別人的生命。

倡導情緒教育二十年的ＥＱ大師丹尼爾・高曼提出，在３Ｃ科技產品充斥的時代，也是史上第一個「分心時代」，讓大人和孩子的情緒產生高度影響，無法體察自己的情緒、了解別人的情感，更無法關懷別人，擁有良好的人際關係。加上在網路訊息短、頻、快的「認知超載」中，無法靜心觀察、欣賞、創造美的事物，也無法成為一個感性、能夠體察生命之美的人。

因此，讓我們從說故事這個遠古人類的本能開始，放下你身邊的手機，專注地看著你身邊的人，開始施展說故事魔力。因為說故事是一種送禮的行為，唯有這種想和別人分享美好事物的真心，才能真正打動別人，創造更多機會和商機。讓我們跟著「新一千零一夜」的說故事人張宏裕，一起找回說故事的魔力。

自序

期盼會回頭看你一眼的老虎
——說故事，激發溫暖的感性情懷

如果我們曾經一起在海上度過了許多艱難險阻，
歷經了春夏秋冬的風風雨雨，
過程中總該培養了一些深厚的感情吧！
離別時，你會回頭看我一眼嗎？

電影《少年Pi的奇幻漂流》，描述在太平洋上，一位印度男孩與一隻孟加拉虎在一艘船上共同度過二二七天的生存故事。其中有一幕是少年Pi與老虎經過兩百多天怒海狂濤的相處後，漂流到小島即將要分別。少年Pi眼睜睜看著老虎即將離他而去、走進叢林，心情悸動的他多麼希望老虎會回頭看自己一眼，哪怕是一眼也就心滿意足了。因為他想：我們一起在海上度過了那麼多的艱難險阻，你餓了我捕魚給你吃，你渴了我舀水給你喝，風風雨雨過程中，總該培養了一點感情吧！快回頭！快回頭吧！我相信你會回頭的。少年Pi心裡吶喊著、渴望著，期盼老虎會回頭看自己一眼。

然而，老虎頭也不回地走進叢林，少年Pi失望了。

怎樣面對曲終人散的關鍵時刻？

身為培訓顧問與演講者，我經歷了數百場次的培訓與演講，與台下學員共同度過分分秒秒的時間。每當曲終人散時，我的心情總是離情依依，因為珍惜每一次與學員聚在一起的緣分，或許一生就只有這一次的機緣。我要的不多，因此，當有學員能夠在下課離去時「回頭」看我一眼，或說一聲感謝，我的心也就滿足了。

甚或有些學員在下課離去時上前與我攀談、感謝，或留下聯絡資訊，他們不知道這一個動作、一個眼神、一句道謝，對我而言，就像少年Pi期盼那隻老虎能夠回頭看自己一眼，那麼熱切而令人感動。

後來，我發現那些會回頭與我攀談致謝的學員背景，以業務、客服及服務業領域居多，且他們多半很容易展現出「臉笑、嘴甜、腰軟、手腳快」的感性情懷特質；或許他們平常已經習慣與人互動接觸，所以自然流露出有溫度的情感。

當然也不乏許多上完課的學員，頭也不回地漠然離去，就像那隻不會回頭看你的老虎，彷彿他們所接受的這一切都是理所當然的，因此船過水無痕，表現出來的是讓人感受不到溫度的情感。讓人不由得聯想到一句名言：愛的相反不是仇恨，而是冷漠（The opposite of love is not hate, it's indifference.）。

在工作與生活的情境中，老虎就好像與你「不打不相識」的夥伴，需要一段時間的溝通認識和磨合。如果有一隻曾與你經歷春夏秋冬的老虎，你是否會熱切地期盼牠在「關鍵時刻」回頭看你一眼呢？

對於家庭的「父母」，那隻會回頭看你的老虎可能就是善解人意的「兒女」。
對於學校的「老師」，那隻會回頭看你的老虎可能就是熱情參與的「學生」。
對於職場的「主管」，那隻會回頭看你的老虎可能就是積極投入的「部屬」。
對於國家的「政府」，那隻會回頭看你的老虎可能就是懂得感恩的「百姓」。
最後，是否也該讓自己成為一隻會回頭看他人（你生命中的貴人）的老虎呢？

那隻會回頭的老虎，應該具有一種溫暖的感性情懷吧！

你的人生，就是你的故事——人生，要活對故事

多年前的一個週末下午，我去醫院探望一位教會弟兄的父親，他已經插管躺在病床上，無法說話但會用眼睛的餘光示意歡迎我們的到來。簡單為他禱告之後，回程路上我心想：每個人在生命的盡頭，都要獨自在病床上度過，那時身體已經日漸衰殘，但精神意識或許猶能保持清醒。而在心靈上，有誰能陪你度過漫漫長夜的無

盡歲月呢？難道不是回憶中無盡的故事嗎？

《聖經》詩篇：「我們一生的年日是七十歲，若是強壯可到八十歲；但其中所矜誇的，不過是勞苦愁煩，轉眼成空，我們便如飛而去。求主指教我們怎樣數算自己的日子，好叫我們得著智慧的心。」人生餘年若沒有故事可回憶，晚景會不會很悲涼呢？那一天的驚覺，讓我開始擁抱故事，直到現在。

故事中有悲歡離合，但說完了故事，總要奮勇昂揚地迎接明天，告訴自己：人生要活對故事！就像電影《飄》的女主角在最後一幕說的：Tomorrow is another day！人類與生俱來有「說故事」的能力，故事可以喚起我們相對薄弱的「感性情懷」，如：破冰（在尷尬的場景下給自己和他人找台階下）、想像力、幽默感、同理心與正面積極思考的能力。

猶記二〇一三年最動人心弦的微電影廣告，當屬記憶體廠商金士頓（Kingston）推出的《記憶月台》（*A Memory to Remember*），我看了三次，每次都讓我看一遍、哭一遍。金士頓由兩位華人創辦，雖然影片的最終訴求是銷售科技產品「隨身碟」，但卻透過改編一個真實故事來與消費者溝通。故事最後傳遞的訊息是「時光猶逝，記憶猶存，記憶是趟旅程，同時間我們一起上了列車，卻在不同時間下車，然而，記憶不曾下車。記憶，永遠都在」。後來他們又拍了《當不掉的記憶》，繼續說故事，依舊感動人心。後來，我買了六個隨身碟，都是金士頓品牌，因為故事喚起我情感認同的價值連結。

一樣是二〇一三年，由大眾銀行改編、拍攝的「不老騎士」影片，笑淚交織。五個平均八十一歲的患病長者，卻勇敢逐夢，展開為期十三天、一一三九公里的環島機車之旅，故事傳遞「不平凡的平凡大眾」、「熱血追夢、今天開始」的訊息。

台灣導演齊柏林，藉由鏡頭說故事，以空拍二十年的堅持與深情，製作了《我的心，我的眼，看見台灣》。除此之外，還有紀錄片《老鷹想飛》的導演梁皆得，耗時二十三年，紀錄了「老鷹先生」沈振中的故事。沈振中為了追尋黑鳶而放棄教職，影片傳遞著「救老鷹也是救人類自己」的理念。

還有被譽稱為「從天堂掉落至凡間的天使——沈芯菱」，公益少女沈芯菱以愛心、熱心和信心，透過行動說故事。

這些從聽者的角度來說故事，隱含了故事行銷三元素：說明人物與情境、描述衝突與問題、提出對策與價值。故事好比探險的旅程，有山谷山峰的轉折點，而「峰迴路轉」，正是解決問題的過程。

在他們的故事裡，都讓我們看到：「人生，要活對故事。」

世界變快，心則慢──故事就是路障，讓紛亂的心沉澱

世事紛亂、人心惶惶，在這個年代，我們陷入無止境的「忙、盲、茫」：忙碌、盲目與茫然。當政客、社群媒體，盡是批評論斷、爭功諉過，以尖酸刻薄、粗鄙的溝通方式對話，就會讓我們都變成「理性有餘、感性不足」的政論名嘴。當世界與社會瀰漫的盡是功利主義、八卦煽惑、受歡迎卻不令人尊敬的事物，人們就會變得市儈與冷漠。

故事是經過情感包裝的事實或情境，傳揚真善美的價值，驅使我們採取行動，改變我們所處的世界，讓世界變得更美好。「先說故事，再講道理」，故事本身就是激勵、導引、溝通和說服的最佳工具。「故事行銷」即是賦予產品意義、典故、歷史及人文意涵，使顧客對之產生情感連結、想像與興趣。讓「故事」成為溝通與

說服的工具，可增加商品銷售利益，亦可建立品牌形象。

我基於夢想與使命，成立「故事方舟文創工坊」（www.storyark.com.tw），致力推廣「說故事行銷」的理念與技巧，期盼一個美好世界的再臨，讓人們流露出有溫度的情感。同時也順勢呼應文化部推廣「國民記憶資料庫」計畫，將台灣打造成為「新一千零一夜——故事島」，保存全民的共同經驗。

說故事幫你：抒發感性情懷。

說故事幫你：傳遞夢想理念。

說故事幫你：凸顯商品價值。

說故事幫你：打造文化創意。

今夜，讓我們開始說故事吧！

目錄 Contents

第三章》說故事行銷的力量……085

目錄 Contents

第一章

故事說出高感性、高關懷

構成宇宙的是一個個的故事，

而不是原子。

——猶太裔美國詩人彌瑞爾．盧奇瑟（Muriel Rukeyser）

01 「新一千零一夜」說故事人

在遠古時期的洞穴裡，部落族長和族人圍坐在營火旁，以故事板敘說著祖先的英勇事蹟，虔敬地將具有意義的儀式與生活經驗傳述給族人。人類開始藉由說故事，認知身處的世界，化解對未知的擔憂和生活的掙扎。

《一千零一夜》是一個美麗的傳說。相傳有一位國王，因王后行為不端而將其殺死，此後性情殘暴，每日娶一少女，翌日清晨即殺掉。宰相的女兒山魯佐德，為拯救無辜的女子，自願嫁給國王。山魯佐德每晚為國王講故事，每當講到最精彩之處，天也剛好亮了，聰明的她，總是就此暫停，讓國王欲罷不能。如此不知不覺過了一千零一夜，國王終於醒悟，停止暴行。

在《一千零一夜》裡，宰相的女兒藉由說故事拯救了諸多無辜性命。在《新一千零一夜》的現實中，父母可以藉由說故事挽救親子的感情；戀人可以藉由說故事繪出夢想；失戀人可以藉由說故事療癒傷痛；主管可以藉由說故事啟發部屬的認知；行銷人員可以藉由說故事挽救許多寶貴商品，創造銷售奇蹟；而老年人也可以在回憶故事中，找到活下去的希望和自信。

我曾讀過一篇報導：美國中央車站的一個角落有個四方小屋，任何民眾都可以進入這個小屋，花台幣三百元左右的費用，即可錄製一段廣播級、高品質的故事。日本也有類似「聽故事人」（並非心理諮商師）在人行道上豎立牌子，表示願意聽路人說故事，藉以撫慰孤獨寂寞的人心。網路TED平台（技術、教育、發展）也是一個故事平台，匯集各領域的代表人物，利用短短十八分鐘說出動人故事。

故事本身就是激勵、導引、告知和說服的最佳工具。故事活化人們的右腦，讓我們成為高感性、高關懷的人。

◆**高感性：**指的是觀察趨勢和機會，以創造優美、感動人心的作品，編織引人入勝的故事，及結合看似不相干的概念，轉化為新事物的能力。

◆高關懷：則是體察他人情感，熟悉人與人的微妙互動，懂得為自己與他人尋找喜樂，及在繁瑣俗務間發掘意義與目的的能力。

科學家說，宇宙是由一個個的原子組成。詩人卻說，宇宙是由一個個的故事組成。

難道不是嗎？《聖經》記載了神創造天與地、伊甸園的亞當和夏娃、諾亞方舟、摩西帶領以色列人出埃及過紅海、大衛擊敗歌利亞的故事。東方也有愚公移山、夸父追日、后羿射日、嫦娥奔月、守株待兔的故事。

故事之所以讓人難忘，就在於與聽者產生感性的連結，如此啟發的價值具真實感，讓人心動且馬上行動，讓世界變得更美好。故事中有激情、英雄、敵人、覺醒、轉變！讓故事方舟啟航，邁向一次又一次的奇幻之旅！故事方舟載滿了「新一千零一夜」的說故事人，他們的共同特色是喜歡說故事、聽故事、看故事、寫故事，他們都流露出高感性、高關懷的特質。

故事撒下希望種子，故事點燃夢想天燈，故事畫出幸福彩虹。

02 先說故事，再講道理

故事擁有「破冰」的力量，讓聽者先卸下冷漠對抗與防禦的心防，進而開啟「視、聽、觸、嗅、味」五種感覺。讓聽者彷彿看到畫面、聽到聲音、身歷其境有所感觸。說完故事後，經由分享，引導出故事背後傳遞的價值點，你或許會發現故事可以產生千般解讀、多樣情懷的魔力。

有一回，我在一場「說故事行銷」的公開授課前，赫然瞥見學員名單中有一位家喻戶曉的作家與演講家（著作上百本，演講上千場），心裡不禁納悶：不知這位「超級學員」是否會前來踢館呢？雖然我也忝為作家與演講家（著作七本，演講上百場），但如果以此自我介紹開場，根本是班門弄斧，小巫見大巫，略加思索後，我決定以職場的親身經歷故事——「生命中的貴人」——做為開場：

初生之犢不畏虎

話說三十一歲那年，我也老大不小了，在外歷練了業務經理職務，很想轉職進入一家心所嚮往的大公司，應徵通訊產品行銷的工作。順利進入該公司後，直屬主管產品總監熱切地歡迎我，並告知我本公司紀律嚴謹，有一項部門月報制度，從總機小姐到總經理，每個月都要透過撰寫月報，站在台上報告，嚴格虛心檢視自己的工作績效。總監囑咐我先見習一次後，就要好好準備。

我心想，自己雖沒有玉樹臨風的外貌，卻也是個翩翩君子，雖沒有口若懸河的能力，卻也深諳報告的撰寫技巧，因此也就平常心，嚴陣以待。

啼聲初試的那一天是八月初的盛夏，下午三點半，輪到我上台報告。台下端坐著總經理、副總經理、產品總監，及產品部門的同事等。

我站在台上，心想「初生之犢不畏虎」，不斷用「凡事盡其在我，但求無愧於心」為自己激勵打氣。約莫報告了十五分鐘左右，我突然發現怎麼背脊涼涼的！

平地一聲雷的震撼教育

原來，台下總經理開始嚴厲質疑、批評我的月報內容。總經理問道：「你的市場策略是如此草率的思考嗎？你的產品策略是如此輕易擬定的嗎？」猛烈指責的力道，好像八二三砲戰的砲彈不斷飛來。站在台上一臉無辜惶恐的我，只能隨口敷衍一些答辯，沒想到我的答辯不僅於事無補，反而更激怒了鄰座的副總經理，他立刻選擇了一個對的戰場：加入砲轟。我的一顆心就像鐵達尼號撞上冰山，不斷地往下沉。

此刻雖已萬念俱灰，但我心生一計，立即流露出哀怨的眼神，目光投向最後的灘頭堡，我的直屬主管——產品總監。現在只有他才能幫我圍魏救趙。

只見產品總監不假思索地補上一顆榴彈砲，朝我的方向丟過來。產品總監對我說：「宏裕！鈞長所言甚是，你的產品策略若是如此輕易擬定，你的目標執行也不會有任何積極的作為。」

此刻我木然站在台上，自尊心掃地，感到顏面羞辱。這艘鐵達尼號終於完全沉入海底。我不記得如何結束那場月報，短短半小時的轟炸好像一個世紀般漫長。當月報結束時，我並沒有走回座位，而是緩緩走進人事部門領取一張表格：離職單。

總監看到了這一幕，把我叫過去。他對我說：「宏裕，我知道你今天心裡很受傷，不好受。可是我想問你，當你第一天進入公司時，有沒有注意到辦公室左、右兩幅標語呢？」

我說：「報告總監，我依稀彷彿記得。」

他問我說：「左聯是什麼？」

我說：「贏得信賴是一種責任，也是一種榮譽。」

他問我說：「贏得誰的信賴？」

我說：「贏得主管、同事、部屬、客戶，還有所有關連的三百六十度利益關係人的信賴。」

他接著說：「很好，那麼右聯是什麼？」

我說：「雅納批評是一種智慧，也是一種勇氣。」

他問我說：「雅納誰的批評？」

我說：「雅納主管、同事、部屬、客戶，還有所有關連的三百六十度利益關係人的批評。」

他話鋒一轉，嚴肅地說：「宏裕！你就是沒有這種智慧與勇氣，雅納接受我們對你的批評。」

我當下一聽，丈二金剛摸不著腦袋，沒想到他用這樣的方式取代溫柔話語的安慰。於是我說：「謝謝您的教誨，我會重新思考修正月報的內容與方向，再請您指正。」

回到座位後，我立刻打開抽屜將「離職單」放入抽屜中，如此一放就放了將近八年。

若要人前顯貴，必先人後受罪

因為這個衝擊，讓我激發出一股不服輸的鬥志，心想若貿然因為主管指責就離職，我到哪一家公司都不行，所以我要證明給主管看：我是行的！

當天晚上我在工作日誌中寫下一句話：若要人前顯貴，必先人後受罪。

隔天開始我調整心態，將月報準備時間提前兩週，好整以暇地蒐集資料，虛心求教，沙盤推演。如此不斷地在爾後月報場合漸入佳境，贏得主管與同仁的信賴。

八年後，由於轉換職場跑道，我離開該公司。當年的耶誕節，我分別寄了三張耶誕卡給那三位當初在月報中批評指責我的主管，卡片中有一句話：「謝謝你是我生命中的貴人。」

故事說到這裡，接著我請學員寫下聽完故事後的一句心得。而那位坐在台下的「超級學員」也開始與大家熱絡地分享，回應我的引導。透過這個故事，我拉近了原本擔心與觀眾的距離。

個人經歷的故事，不需勉強編造，也不會流於矯情，而且更加情真意切，也容易娓娓道來。可以從最快樂、最痛苦、最害怕、最尷尬、最驕傲、最惶恐等經驗切入，這樣的「單點突破」，讓故事原型自然浮現。個人經歷的故事，不一定要勉強說出，因為有時候那段記憶可能是傷痛或敏感的，因此必須營造一個讓說者感到溫馨、信賴、安全的環境氛圍。

✓故事管理工具：今朝且看我

運用下面「說一個親身經歷的故事」工具表單，寫下實際案例：

1. 說一個可以激勵人心的故事，如：崇拜的人、回憶的事件、非凡的成就。
2. 說一個自己遭遇尷尬笨拙的局面、愚蠢的作法、失敗的經驗。
3. 說一個自己遭遇命運改變的震撼事件、重大變遷、獨特的經驗。
4. 說一個在你的組織或工作場合中，有趣或遺憾的事件、組織重大變革過程中面臨衝擊的經驗。

03 故事引導的三部曲

故事力能夠請君入甕，在於引導的三部曲：感性吸引、理性強化、激起行動。這三部曲在於掌握說故事的TTI三個關鍵點：引爆點（Tipping point）、轉折點（Turning point）、價值啟發點（Inspired point）。

就像寫文章的起、承、轉、合，準備說一個故事之前，也可以試著將這個故事TTI結構化。「弱水三千，只取一瓢飲」，說故事也要掌握TTI關鍵點。

◆**引爆點**：九十秒內引人入勝，讓人有一探究竟的欲望。

◆**轉折點**：將個人情感與內心矛盾之處投射到故事，使得高潮迭起，令人拍案叫絕，好像坐雲霄飛車，讓人連連驚聲尖叫或驚聲尖笑。

◆**價值啟發點**：點出想要傳達的精神與態度，帶出自己的個性與信念，提供價值，令人深思。

此外，如果賦予這個故事一個名稱，可讓主題更為明確鮮活，最後再以TTI三段落的方式加上副標題，更容易讓聽者進入你所鋪陳的情境。

以前文我的親身經歷故事為例，「生命中的貴人」就是故事的題目，而三段落的副標題則分別是：❶初生之犢不畏虎；❷平地一聲雷的震撼教育；❸若要人前顯貴，必先人後受罪。

故事結尾，說故事人自己可以從「價值啟發點」檢視心路歷程，並傳達綜合與多元的理念。於此仍以前文

故事引導三部曲

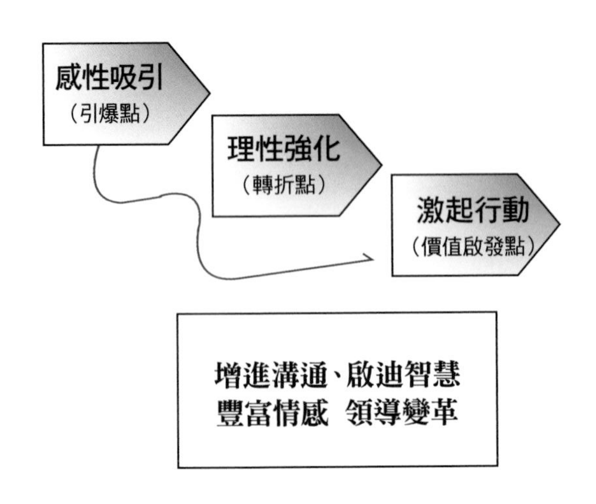

為例：

事隔多年，現在回想當時基於個人自尊心與面子問題，第一次遇到這種主管嚴厲詰問的場景，我當下實在難以接受，甚或心中起疑為何如此具規模的公司，主管與部屬的互動方式會是如此直接與赤裸裸。

但或許就是該企業的標語——贏得信賴是一種責任，也是一種榮譽；雅納批評是一種智慧，也是一種勇氣——闡明了對事不對人、要求品質的文化，再加上主管們當頭棒喝、恨鐵不成鋼的方式，讓我快速成長。

後來的月報雖然依然戰戰兢兢，如臨深淵，如履薄冰，表現卻愈來愈進步，能力與投入度都顯著提升。

回想當初，產品總監雖然在會議中用那種方式質疑我，難道不是用心良苦、旁敲側擊、幫我解圍的另一種方式嗎？就像孩子犯錯，父母教訓自家的孩子給別人看，別人看到小孩已受管教，便不好意思再苛責一樣。

在任何人的生命中都有三種貴人：曾經苦毒我的人，他幫我快速成長；有恩於我的人，他助我平步青雲；我虧欠他的人，他讓我懂得付出。

於是，我們還會發現第四種貴人：那些與我素昧平生的人，卻在不經意的急難時刻，因著我的舉手之勞或同理心，對他人付出愛和關懷，那怕只是杯水車薪的點滴付出，卻成為他人泉湧以報的難忘之恩。那些與我素昧平生的人，讓我學習付出愛，難道不也是我生命中的貴人嗎？

「價值啟發點」是故事想要傳達的精神與態度，可帶出自己的個性與信念，提供價值，令人深思。當再次透過故事檢視過往的心路歷程，部分療癒（therapy）的功效也可能隱然產生。

✓故事管理工具：TTI 結構

運用下面的工具表單，結構化你的故事，掌握節奏。

❶ 引爆點（Tipping point）

____

____

____

❷ 轉折點（Turning point）

____

____

____

❸ 價值啟發點（Inspired point）

____

____

____

04 短故事精準聚焦，引發深沉的啟示

好故事不一定要長。短故事是類似極短篇「小而美」的型態，是凝鍊智慧、引發感悟的精彩故事。因為要在極短的篇幅裡完成故事的鋪陳，所以內容必須精練，並營造張力與衝擊。

less is more，短即是多，這是說故事首先要掌握的精髓。否則話匣子一開，很容易出現如猛虎出閘、易放難收，又如滔滔江水、永不止息的現象。下面示範四則短故事：

故事1》馬壯車好，不如方向對

春秋戰國時期，有位夫子備了很多物品打算前往南方楚國，便向路人問

路，路人答：「此路非往楚國。」

夫子說：「我的馬很壯，沒關係。」

路人又再強調這不是去楚國的方向。

夫子依然固執地說：「我的車很堅固。」

路人只好嘆息地說：「馬壯車好，不如方向對！」

這則小故事可隱喻為時間管理中，「牆上時鐘」與「心中羅盤」的對比。「馬壯車好」表示我們的眼光總是放在「牆上的時鐘」。「牆上的時鐘」代表的是承諾、時間表、目標，也就是我們的做事方法。但是極有可能，我們正走向一個錯誤的方向，可能瞎忙一通，分不清楚事情的重要性和急迫性，最後陷入所謂「忙、盲、茫」。

「方向對」表示我們的耳朵會聽到「心中的羅盤」。「心中的羅盤」代表的是遠見、價值、原則、信念、良知、方向等，也就是我們的價值觀與生活方式。「方向對」表示我們願意傾聽內心驅動的呼喚。

想一想哪些是人生最重要的事情？這些最重要的事情可能是除了「名利、地位、財富」之外的東西，比如說：愛、影響力、學習。這些最重要的事情，要透過自覺來感知，良知來反省，意志力去貫徹，和創造力來啟發。

故事2》以客為尊

公元一〇七一年（熙寧四年），蘇軾任官杭州通判已三年，常常微服出巡，探查民情。一日來到某寺遊玩，寺內有方丈與小沙彌。

方丈並不知來客底細，隨口招呼：「坐。」並吩咐小沙彌：「茶。」一番晤談後，方丈覺得此人相貌、談吐不凡，必非等閒之輩。方丈於是改口招呼：「請坐。」並吩咐小沙彌：「泡茶。」

再經細談，才知是鼎鼎大名的地方官長，方丈急忙起座恭請道：「請上坐。」並高聲吩咐小沙彌：「泡好茶。」

臨別時，方丈取出文房四寶向蘇軾乞字留念。蘇軾爽快答應，信手寫下一副對聯，上聯是「坐請坐請上坐」，下聯是「茶泡茶泡好茶」。

方丈一臉羞愧，尷尬不已。

此則故事來源為民間傳說，有一說為清朝鄭板橋，另一說為曾國藩，內容大同小異，只不過人物不同罷了。

此則故事可隱喻啟示服務業「以客為尊」的態度，或顧客關係管理（CRM，customer relationship management）的顧客關係發展階段：可能顧客、潛在顧客、首次購買顧客、重複購買顧客、客戶、擁護者、會員、夥伴。由此可見短故事的巧妙隱喻，發人深省。

故事3》個性決定格局

日本戰國時代有三個霸主，織田信長、豐臣秀吉、德川家康。某日傍晚，三人齊聚醍醐寺飲酒作樂，有人介紹可愛的夜鶯，在夜將來臨之時就會發出優美叫聲。時間分秒過去，當暗夜來臨之時，三人卻未聽到夜鶯叫聲。

此時織田信長皺著眉頭說：「如果夜鶯該啼而不啼，我會殺了牠，『逼』夜鶯啼。」豐臣秀吉笑著說：「如果夜鶯該啼而不啼，我會『逗』牠啼。」德川家康伸伸懶腰，緩緩地說：「如果夜鶯該啼而不啼，我會『等』牠啼。」

這個故事有另一個版本，用的是杜鵑而非夜鶯，但同樣都在隱喻三人的邏輯與處事方法。

德川家康年少時命運坎坷，六歲被送到今川家做人質，前半輩子默默儲蓄政治能量，等待織田信長與豐臣秀吉陸續倒下，便由弱轉強，漸次奪取天下。德川家康一手開啟日本江戶幕府將近二百六十年的王朝，看來「忍功」的確一流。

故事4》願景，一幅未來實現的圖畫

有三個正在砌磚的工人。路人經過問他們在做什麼？

第一個工人沒好氣地回答：「你沒看到我正在砌磚，混一口飯吃罷了。」

第二個工人頭也不抬地回答：「我在砌一面牆，磨練我的手藝罷了。」

第三個工人充滿自信，抬頭看著遠方說：「我正在蓋一座教堂。」

十二年後路人經過當年的原地，他發現那兒矗立了一座嶄新的教堂——「水晶大教堂」，而第三個工人因為當初有一個「願景的美夢」，所以正是扮演這個教堂興建工程極為重要的「工頭」角色。

這個故事可以啟示「願景」的重要，或「工頭」在專案管理中的重要角色。如果要啟示「願景」，那麼願景是撥開迷霧、指引航向的燈塔，能夠建立一個命運共同體。這幅美好的圖像，將會驅使成員積極地以終點為始點出發，進而邁向願景。

如果要啟示「工頭」在專案管理中的重要角色，那麼無論中國的萬里長城、歐洲大教堂或巴拿馬運河的興建，都需要無數的人力投入其中，而要能夠有效執行這些建設達成專案任務，就得仰賴有能力、有遠見的「工頭」。工頭的重要性，表現在對於每一個專案任務「預算、時間和品質」的掌控能力。

故事行銷的黃金圈

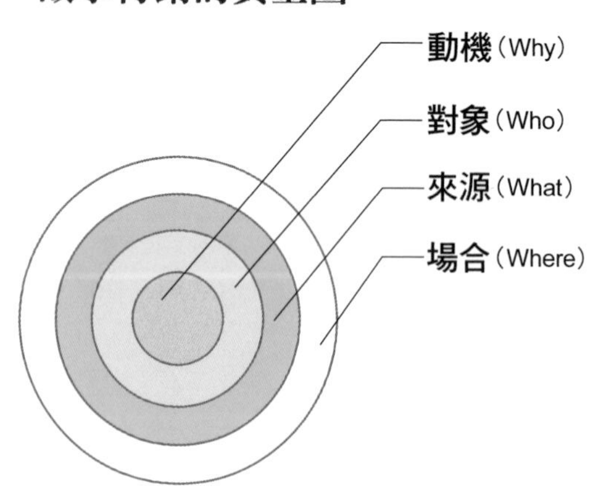

✓運用下面的工具表單，明確你的故事動機與對象

① **動機（Why）：** 為什麼要說這故事？（價值啟發）

____

____

② **對象（Who）：** 故事說給誰聽？

____

____

③ **來源（What）：** 想說什麼故事？（尋找故事源）

④ **場合（Where）：** 故事應用的場合？

____

____

05 從你熟悉的事物開始說起

「自己的故事」這個概念如此有力，如此渾然天成，我們其實是透過「故事」這個鏡頭來看待自己的人生。你的人生就是你的故事，你的故事就是你的人生。

——洛爾（Jim Loehr）《人生，要活對故事》

在一次受邀為某國中家長們演講「說故事學激勵」的場合中，我特別從兒時記趣的童年往事，順勢說了一個「青蛙與公主」的故事作為開場：

猶記我小學四年級的一天下午，最後一節課程，同學已經按捺不住歸心似箭的心情，教室鬧哄哄的。老師抱著一堆作業走進教室，要同學安靜下來，於是問台下同學有沒有人要上台講故事。大家推拖拉地不敢上台，於是老師乾脆指定身為班長的我上台講一個故事給同學聽，他才可以好整以暇地坐在一旁改作業。

頓時我心中好像有十五個水桶七上八下，忐忑不安。緩緩走上台的短短幾步，步履沉重，好像走了一個世紀般漫長。

站在台上後，隨之而來的是腦中一片空白，此時才驚覺平日雖閱讀故事無數，臨到用時，竟擠不出一個來，那時才深深體會什麼叫做「面紅耳赤」。

我站在台上拚命回憶以前看過的故事：《幼年》、《王子》、《三百字故事》、《成語故事》、《格林童話》、《一千零一夜》、《聊齋誌異》、《三國演義》等，希望能殺出一條生路。

後來我終於想到「青蛙王子」的故事，於是便開始說：「在很久很久很久以前（喔！我也實在拖得有夠久），森林中有一個國王（拜託，國王不住在自己的皇宮，跑到森林裡去做什麼？）他有好幾個女兒，個個都長得非常美麗，尤其是小女兒，更是美如天仙。有一天她在池塘邊玩著心愛的水晶球，卻一不小心將水晶球掉進了池塘，於是她非常傷心地哭泣。不知過了多久，突然有一隻青蛙從池塘裡跳了出來，一隻青蛙從池塘裡跳了出來……一隻青蛙……」

完蛋！突然間，在台上的我記憶空白了，舌頭也打結了，因為後面的情節我完全忘記了！

我面紅耳赤地呆立在台上，不知如何是好。此時突然感覺，自己就活像一隻青蛙羞愧地站在台上，被台下的許多公主嘲笑。

台下同學繼續嬉鬧說笑，老師在旁也見死不救、充耳不聞，繼續批改他的作業。

我只能語無倫次地邊想情節，邊說故事，胡亂拼湊。最後不得不趕緊說出：「最後那隻青蛙和公主過著幸福快樂的日子，謝謝大家！」就這樣草草收場，留下一臉茫然的同學。

事後我很得意自己設計的快速結局。因為我心想：如果那隻青蛙不趕緊和公主過著幸福快樂的日子，那我豈不是要一直站在台上過著痛苦煎熬的日子！

敘說童年故事可以在團體溝通中扮演破冰角色，順勢拉近說者與聽者之間的距離。故事中的「自我揭露」向他人透露自己的事實，並透露自己的意見與感受，至少有表達、自我澄清、社會認可、促進關係發展等功能。

06 製造「路障」，讓聽的人慢下來

當你在銷售產品之前，先懂得你所擁有的東西對別人有什麼價值，那麼原本平淡無奇的產品也可能跟金蘋果一樣有價值。

——全美知名銷售訓練專家凱西・艾倫森（Kathy Aaronson）

凱西・艾倫森懂得為產品找一個成功的故事，看看她的「金蘋果銷售魔法」：

有一個八歲的美國小女孩凱西，小時候住在新罕布夏州的偏遠農莊，父母親忙於工作無暇陪她玩耍，她就爬上曳引機，開著開著，到附近的鄰居家裡找同伴玩耍。凱西不知道一路上她把田裡的許多農作物都壓毀了。

因為她太寂寞了，只是想找同伴，不想被困在這個農莊裡，於是過不久她又突發奇想，把田裡種的紅蘿蔔和番茄整理好，在路邊擺了一個攤子準備販售這些農產品。凱西為攤子取了一個名稱：快樂農園。

學校老師幫助她做了五個又大又重的「招牌」放在路邊，上面分別畫上一種蔬菜和簡單的文字：

第一塊招牌畫了一種蔬菜，並寫著「胡蘿蔔」。

第二塊招牌畫了一種蔬菜，並寫著「新鮮的番茄」。

第三塊招牌畫了一種蔬菜，並寫著「小黃瓜」。

第四塊招牌寫了一句話：「新鮮的農產品，還有四分之一英里。」

第五塊招牌畫了一個太陽，並寫著：「愉快就在轉角處。」

於是開車經過的客人都紛紛好奇著，把車速放慢，搖下車窗，走下車，來到凱西的農園。當客人看到有些農產品形狀奇特，和一般印象不同，例如歪七扭八的胡蘿蔔，或有疙瘩的番茄，表情起先是疑惑，會驚呼：「這條紅蘿蔔好像兔子！」

凱西立刻天真地告訴客人，這種胡蘿蔔形狀奇怪，好像兔子，因為當初的種子是一百多年前從法國飄洋過海來的。

凱西自信滿滿地告訴客人，前幾天如何幫助媽媽採收、清洗，及前一晚剛在晚餐桌上吃著媽媽烹調出這些美味佳餚的故事。凱西還睜大眼睛向客人強調，這種胡蘿蔔是百分之百的天然食品，就在這裡成長，除了水、陽光和田地裡肥沃的土壤之外，沒有添加任何東西。

於是許多客人紛紛購買這些形狀奇特，卻有著有趣「故事」的蔬菜。這些客人也週復一週地來到「快樂農園」的小攤子，找尋不同的鄉村體驗。

凱西十八歲到紐約工作，起先任職一家小廣告公司，後來她聽到當時的時尚雜誌《大都會雜誌》在徵廣告業務，但卻很少雇用年輕的女性業務，因此她決定去應徵，並且用一種與眾不同、別出心裁的方式，爭取面試機會。

她再次想到童年時利用「路障」的方法。首先她到 Dunhill 雪茄店買了四支 it's a girl 品牌的雪茄，以金色彩帶及黑色漆皮盒包裝好，輪流寄出，一次寄送一盒給《大都會雜誌》的發行人。

第一天第一個盒裡，只有一支雪茄及一張卡片，寫著：it's a girl。

第二天第二個盒裡，只有一支雪茄及一張便條紙，寫著：她是大都會的女孩。

第三天第三個盒裡，只有一支雪茄及一張便條紙，寫著：她的名字叫……

第四天第四個盒裡，只有一支雪茄及一張卡片，卡片寫著她的名字：凱西．艾倫森。

最後，她得到了工作，同時期有大約兩百人與她一同競爭面試。

一個八歲不甘於寂寞的美國小女孩凱西，她懂得利用五塊招牌當作「路障」，讓經過的客人停下來，這五塊招牌似乎傳遞著下面的意義：

1. **引起旁人（顧客）注意。**
2. **讓他們慢下來。**
3. **引發他們的興趣。**

④ **讓他們考慮我賣的東西。**

⑤ **承諾愉快的體驗。**

「說故事」就好像這些路障，讓聽的人慢下來，進入故事的情境與世界裡。當她在銷售一項產品時，凱西懂得用「說故事」來包裝，讓那些原本平淡無奇甚至歪七扭八的蔬菜，因故事而變得有意思。

07 自由書寫——我寫，我說，故我在

自由書寫（free writing）隨意寫，一直寫然後繼續書寫，直到突破抗拒之心、憤怒之心、恐懼之心與憂傷之心。然後繼續書寫，直到找到狂野之心與平靜之心。此時此處，我們會與自己內在那頭輕盈、脆弱、自在的小怪獸相遇，而牠，正是創意、靈感與洞察之所在。（Mark Levy）

一位大學任教的好友告訴我，她指定學生撰寫一篇一百五十字的心得報告，大部分學生都覺得困難、勉強而無法完成。因為學生們在撰寫過程中，不是思緒打結就是不知所云。很多時候，我們也是面臨如此的困境：當我們在構思或提案時，是文思泉湧、下筆不能自休？還是腸枯思竭、全無靈感呢？是觸景生情還是面無表情呢？

數位行銷當道，氾濫膚淺的資訊很容易霸佔我們眼目，深層的思想與情感

卻不容易表達出來，那是因為我們花了太多時間「看」訊息，卻花了太少時間「想」事情、「寫」心情。相信許多行銷企畫人員、創意工作者、主管幹部在發想構思、提案、策略與會議時，也面臨腸枯思竭的窘境，何不嘗試一下自由書寫（free writing）呢？

「自由書寫」顧名思義就是隨時、隨地、隨手信筆塗鴉或寫下心情點滴。筆隨心走，以「第一意念書寫」，抒發情感與情緒。自由書寫的過程不增潤、不刪修、不停筆，因為書寫的本身就可激發靈感。好比自己「心靈的後花園」，可以隨時、隨地、隨手栽下種子或幼苗。因此當你想不出故事可寫時，立刻動手隨意寫就對了，許多靈光乍現的思維與點子，就隱藏在自由書寫中。開玩笑地說，即是「垃圾中提煉黃金」。

我第一次學習自由書寫時，課堂上老師引導我們：「讓筆帶著你走，不要停，內在聲音就被你挖出來了！」

在五分鐘的「自由書寫」中，我先閉上眼睛，放鬆沉澱心情，默想這一週的點點滴滴。接著開始在大簿子上書寫當天、當下的思緒：

寧靜是最奢華的享受。世事紛亂，人心惶惶，我的心啊！需要一方寧靜的空間。但活躍的心思，你卻「刻變時翻」啊！陌生的環境啊！你讓我神經豎起來，感官活過來！

我八方不理睬只顧暗自偷笑，寧靜享受築夢的快感。閉上眼睛竟然能看到寬廣前景，睜開眼睛滿是繁華世界的表象戲劇。世人彷彿庸庸碌碌演了一場戲，讓神和天使觀看。我要扮演摩西的承擔使命，還是耶利米哀歌的無奈悲痛？我要扮演大衛打敗歌利亞，還是所羅門王的決斷審判？

五分鐘時間到了，老師要我們為這個「自由書寫」定一個標題並輪流分享。我的標題是「不同凡想，不同凡行」。那個晚上的書寫與分享，深覺這種「存在性的相隨」能夠讓自己「獨處時不寂寞、痛苦時有宣洩、感觸時有紀錄」，可成為陪伴自己一生的隨身寶。

往往我們心情鬱悶，但找不到適當的人傾聽與抒發，最簡單的方法就是自己說給自己聽、寫給自己看。書寫的本身讓「喜、怒、哀、樂、愛、恨、欲」，成為故事的來源。透過心靈自由書寫，與深層的自我相遇，啟動高感性與高關懷，讓你成為一個會說故事的天生贏家。

第二章

有故事的人，才聽懂自己心裡的歌

當一個人，被放在不同的時間與空間的座標軸上，
就自然寫下了歷史和回憶！
包羅萬有的故事錦囊，
有我的經歷、他山之石，及有趣的典故、神話。
我們需要的是說一個故事，
把喜、怒、哀、樂的感性情懷說出來。

01 找出故事源及說故事的目的

「昨天是記憶，明天是夢想，今天是禮物。」故事描繪前塵往事，故事說出活在當下，故事啟發美好願景。

有故事的人，才聽懂自己心裡的歌！建構屬於你自己的故事錦囊（資料庫），故事來源可從下列三方面思考：**自己親身經歷的故事**、**他山之石可以攻錯**（效法或借鏡的故事）、**神話典故寓言**（包括歷史、文學、電影等）。還有第四種則是經過上述三種的閱歷與洗禮，進而自我想像與創造。

精彩動人的故事是永不中斷的進行式。說故事的「目的」，就是傳達給聽者的「價值啟發點」。故事可以傳達人格與理念的價值（如陳樹菊女士的樂善好施、金恩博士的《我有一個夢》），故事可以傳達產品或服務的價值（如舒適牌刮鬍刀的緣起、王品或大陸海底撈火鍋的貼心感動服務），故事可以傳達品牌的價值（如小米機的創業故事、思動饅頭、黑貓宅急便、八十五度C）。自然而然，不露痕跡地讓聽者產生情感連結。

例一 財團法人第一社會福利基金會

第一基金會成立三十二年，致力於「心智障礙者」全生涯的訓練與照顧服務、家庭的支持和社區民眾的宣導，以「讓身心功能障礙者在熱忱專業的服務中，獲得尊重與成長，促進社會的平等融合」為使命。

故事架構範疇表

目的＼故事源	親身經歷	他山之石	神話典故（文學、電影）
理念、價值或人格	A	B	C
產品、品牌或服務	D	E	F

主要的工作團隊包括行政人員、教保員、治療師、社工等。

因此，第一基金會可以從無數心智障礙者，如何學會吃「第一」口飯、走「第一」步、說「第一」句話，如何幫助家長「第一」次感到安心的案例中，尋找「故事源」。

員工可將這些點滴的案例轉化為動人的故事，落實「全員公關」，創造社會影響力，讓民眾願意以實際行動協助身心障礙家庭。

例二 我個人的「故事源」資料庫

下表是我個人的「故事源」資料庫，透過閱讀與經歷生活，不斷地蒐集、累積更新，並加添新的元素，每次敘說的時候融入更深的情感與溫度。

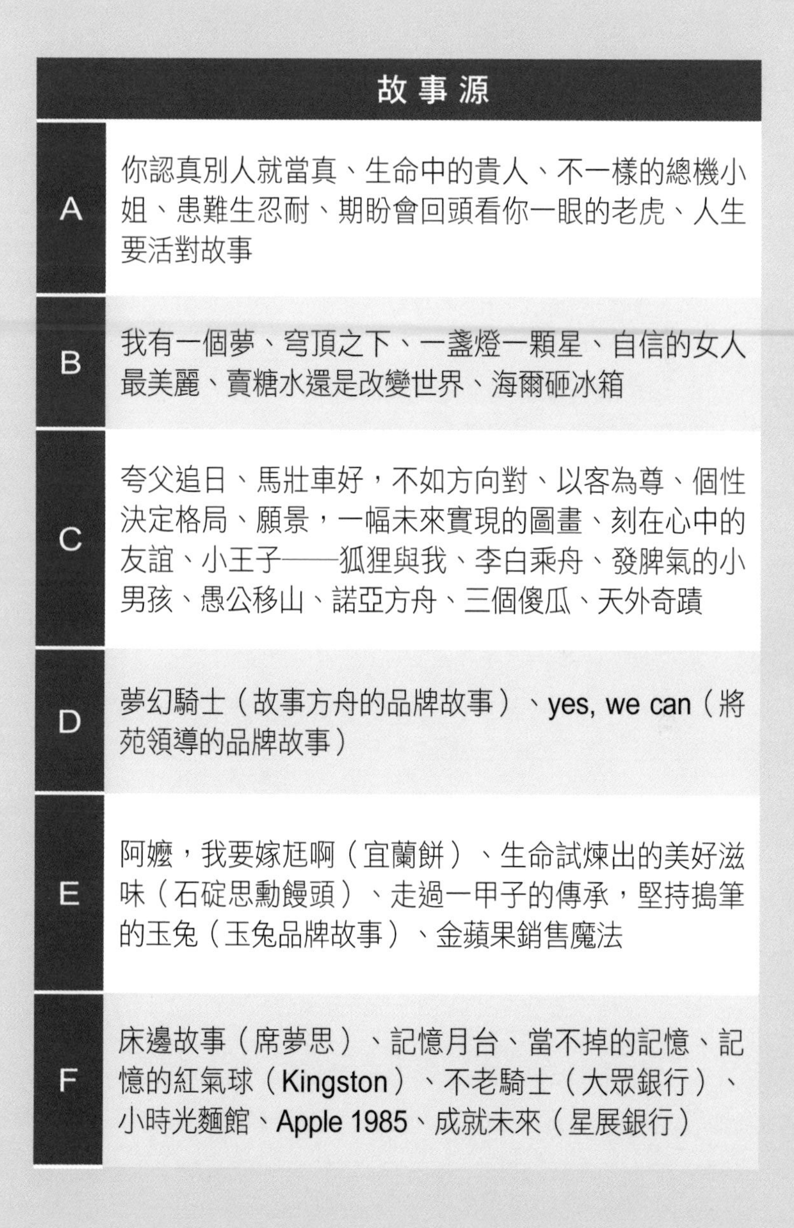

故事源	
A	你認真別人就當真、生命中的貴人、不一樣的總機小姐、患難生忍耐、期盼會回頭看你一眼的老虎、人生要活對故事
B	我有一個夢、穹頂之下、一盞燈一顆星、自信的女人最美麗、賣糖水還是改變世界、海爾砸冰箱
C	夸父追日、馬壯車好，不如方向對、以客為尊、個性決定格局、願景，一幅未來實現的圖畫、刻在心中的友誼、小王子——狐狸與我、李白乘舟、發脾氣的小男孩、愚公移山、諾亞方舟、三個傻瓜、天外奇蹟
D	夢幻騎士（故事方舟的品牌故事）、yes, we can（將苑領導的品牌故事）
E	阿嬤，我要嫁尪啊（宜蘭餅）、生命試煉出的美好滋味（石碇思勳饅頭）、走過一甲子的傳承，堅持搗筆的玉兔（玉兔品牌故事）、金蘋果銷售魔法
F	床邊故事（席夢思）、記憶月台、當不掉的記憶、記憶的紅氣球（Kingston）、不老騎士（大眾銀行）、小時光麵館、Apple 1985、成就未來（星展銀行）

故事管理工具：Where——故事行銷應用的場合

- 面試應徵工作的成功與失敗經驗談
- 社交場合的破冰與開場
- 透過與一般部屬溝通，傳達理念
- 正式的簡報宣揚概念，說服聽眾
- 企業軼文、趣事與功績→透過網站傳遞
- 故事專區，建構知識管理的學習型組織
- 與客戶互動，述說產品與服務的故事源
- 與人際交往，展現故事力的感性情懷

02 領導變革的故事錦囊——Change, we need！

例舉許多故事的來源，作為故事錦囊的聯想參考，為的是要幫助我們在下列議題上做得更好：領導變革、溝通激勵、創新管理、產品營銷、顧客服務、品牌塑造。

年少的牧羊人大衛，面對非利士人的叫陣，從容不迫從地下拿起一塊小石頭，藉著甩石和機弦，就將巨人打敗。這故事啟發企業小蝦米對抗大鯨魚的謀略。諾亞一家八口聽從神的指示建造方舟，躲避洪水氾濫。這故事啟發企業迎向變革，體現趨吉避凶的生存戰略。

以下為「領導變革」的故事：

一九九二年美國總統大選，第四十一任美國總統老布希輸給了柯林頓。選情揭曉的隔天，老布希的孫子當時就讀小學三年級，在學校排隊領營養午餐時，老師聽到一個小孩嘲笑他：「輸掉了，你爺爺輸掉了！」

老師看了很心疼，正要阻止，只見老布希的孫子面帶微笑，沒有被激怒，也沒有低頭，從容不迫地說：「我相信柯林頓也會是一個好總統。」老師聽了好感動，浮上腦海的第一個念頭就是：這個孩子的爸媽教得真好。

二〇〇四年十一月二日，美國選民投票決定總統人選，最後的獲勝者是由小布希連任美國總統。

領導力不只是職場上重要的能力，其實，在家裡也一樣需要，父母就是一家的領導人。相信在布希的家庭生活裡，父母對孩子的平常談論可能是更多的寬容與愛，而不是攻擊、批評。這樣的父母才是真的活出了領導力。

當企鵝賴以生存的冰山融化時，哪隻企鵝能感知危機意識，引領大家離開舒適圈，邁向新航程？變革學者約翰．科特（John P. Kotter），以一則冰山融化的寓言故事，提出領導變革的八大步驟，包括：**建立危機意識、成立領導團隊、確立願景與策略、有效溝通、授權行動、創造短期成效、鞏固戰果並再接再厲、打造新文化**，教導我們從容應對危機。

✓故事錦囊：領導變革的故事來源

- 摩西過紅海：危機領導與管理變革的啟示
- 波音公司塑造的危機意識
- 金恩博士：《我有一個夢》
- 朱元璋：高築牆、廣積糧、緩稱王的奠基策略
- 歐巴馬：Change, We need！激勵人心的征服領導
- 向布希團隊學習：誰讓布希當上美國總統？
- 《這是你的船》
- 《西遊記》的團隊建立
- 諸葛亮舌戰群儒的溝通智慧

03

溝通激勵的故事錦囊——心連心，點燃生命熱情

《小王子》裡有一篇〈狐狸出現了〉，描寫一隻狐狸與小王子建立關係的過程。而在企業中的人際關係，如能以此建立，則有溝通激勵的效果。

狐狸對小王子說：「對我來說，你只是一個小男孩，就像其他千萬個小男孩一樣。我不需要你。你也同樣不需要我。對你來說，我也只不過是一隻狐狸，和其他千萬隻狐狸一樣。但是，如果你馴服了我，我們就互相不可缺少了。對我來說，你就是世界上唯一的了；我對你來說，也是世界上唯一的了。」

小王子問狐狸說：「什麼叫『馴服』呢？」

狐狸說：「它的意思就是『建立聯繫』。」

「建立聯繫？」小王子問。

「一點不錯。」狐狸說。

「如果你馴服了我，我的生活將會是歡樂的。我會辨認出一種與眾不同的腳步聲。其他的腳步聲會使我躲到地下去，而你的腳步聲就會像音樂一樣，讓我從洞裡走出來。

再說，你看！你看到那邊的麥田沒有？我不吃麵包，麥子對我來說，一點用也沒有。我對麥田無動於衷。而這，真使人掃興。但是，你有著金黃色的頭髮。如果，你馴服了我，那麼將會是很棒的一件事。因為那麥子是金黃色的，它就會使我想起你。而且，我甚至會喜歡上那風吹麥浪的聲音……」

這隻狐狸讓小王子明白，「建立關係」後，彼此就有一份關愛與思念。

故事錦囊：溝通激勵的故事來源

◆動畫

- 《大雨大雨一直下》：一個來自小青蛙的預言
- 《史瑞克》：真情真性的自我揭露
- 《天外奇蹟》：有夢最美，希望相隨
- 《國王與鳥》：真愛的勇氣與執著
- 《將軍與忠狗》：好幫手
- 《佳麗村三姊妹》：熱情與堅持
- 《嘰哩咕與女巫》：好奇心與行動力的展現
- 《小烏龜福蘭克林》：奇幻尋寶之旅
- 《嘰哩咕與野獸》：我是迷你的小英雄
- 《男孩變成熊》：戰勝寂寞的拚搏
- 《變形記》：心中的羅盤

◆繪本

■《山谷裡的丁香花》：同中存異，異中求同的欣賞與包容

■《鐘聲又再響起》：敲響心中的愛

■《屋頂》：知足惜福與感恩

■《四十歲的老鷹》：重新得力，展翅上騰

■《太陽下山，回頭看》：你的存在是他人的祝福與激勵

■《愛畫畫的塔克》：勇於嘗試，接受新事物

■《雅各和七個小偷》：正視黑暗，創造光明

■《大馬士革之夜》：沒有故事的人生是暗啞的

■《牧羊少年奇幻之旅》：勇敢築夢

■《一個不能沒有禮物的日子》：用心創造幸福

◆文學與典故

■《唐吉訶德》：夢幻騎士的異想世界

■《仙履奇緣》：人人頭上一方天

■《五顆豌豆》：你的存在成為他人的激勵

■《舊約聖經・約伯記》：祝福偽裝的苦難

04 創新管理的故事錦囊

苟日新、日日新、又日新

創新是活力的泉源。賈伯斯創立蘋果電腦就是一個創新的例子，如果他一直延襲傳統，也許就沒有今天的蘋果公司，可見創新的力量可以改變世界，讓這個世界更好。

有位富商在退休之前，將三個兒子叫到面前，對他們說：「我要在你們三個人之中，找一個最有生意頭腦的人來繼承我的事業。現在我各給你們一筆錢，誰能拿這筆錢把一間空屋填滿，誰就能繼承我的事業。」

大兒子買了一棵枝葉茂盛的大樹拖回空屋裡，把屋子占了大半空間。二兒子買了一大堆書，也將空屋填滿了大半。小兒子只花了二十五元，買回來一根蠟燭。等到天黑了，他把父親請到空屋來，點燃了那根蠟燭說：「爸爸，您看看，這屋子的每個角落都被這根蠟燭的光填滿了！」富商看了非常滿意，於是讓小兒子繼承了事業。

有一個膾炙人口的傳說：賈伯斯剛開始說服前百事可樂執行長 John Sculley 來帶領蘋果電腦時，John Sculley 還猶豫不決。最後，賈伯斯對他說：「John，在往後的人生歲月，你想要一輩子賣糖水，還是想要改變這個世界？」於是，Sculley 選擇了後者，加入蘋果電腦。這個故事也反映了賈伯斯運用逆向思考的創新思維。

☑故事錦囊：創新管理的故事來源

- 《3M成功祕訣：無限創新》
- 《奇異：變革與再造》
- 宜家家居：讓顧客免費過夜
- 伊倉產業：中藥店裡開茶館
- 《冰山在融化：在逆境中成功變革的關鍵智慧》
- 大衛打敗歌利亞：小蝦米對抗大鯨魚的謀略
- 從諾亞方舟體現企業的生存戰略
- 海爾張瑞敏砸冰箱的品質意識
- 家樂福的服務創新：堅持不斷改進
- 《誰說大象不會跳舞：葛斯納親撰IBM成功關鍵》
- 《虎與狐：郭台銘的全球競爭策略》
- 《較量：松下幸之助和盛田昭夫的創業爭霸戰》
- 《Nissan反敗為勝》
- 《日本企業經營之神：松下幸之助》

05 理念行銷的故事錦囊——說故事、抓數據、講對策

以一則真誠的故事打開陌生人的心防，或運用簡單的實例說明、類比和比喻，在顧客心中清楚呈現圖像，客戶自然樂意和你對話，並向親朋好友推薦——這種銷售技巧稱為「故事行銷法」（story marketing）。

這幾年出差到大陸授課演講，總是不能享受「窗外有藍天」的恣意快活，因為天空變得灰濛濛的一片。二〇一五年央視記者柴靜，為了探索霧霾（Haze）對人類的影響，花了不少精神、金錢與時間研究調查，拍了一部紀錄片《穹頂之下》，撼動人心。

這一部影片一百三十多分鐘，能夠全部看完並不容易。柴靜要談霾害懸浮微粒的問題，她懂得在嚴肅的話題之前，先以兩、三個小故事吸引大家的注意力。她緩緩說出：出差西安的晚上，空污讓她咳得睡不著，半夜起來切了一片檸檬放

在枕頭上。她曾經在山西省問過一個小女孩：「妳看過藍天嗎？」小女孩天真地說：「沒有，只見過一點點。」「妳看過天上的星星嗎？妳看過白雲嗎？」女孩遺憾地說：「沒有。」

懷孕生產後，還來不及享受為人母的喜悅，柴靜卻被醫生告知，她剛出生的女兒罹患良性腫瘤，必須手術開刀。她說，女兒如此，大抵與她長期在空污環境中有關。

故事講完後，接著她再以精闢的數據分析，說明霾害造成的災害：二十五省、六億人、二〇一四年的污染天數。最後，提出方法對策。

這是一個不斷說服的年代。主管說服部屬、行銷人員說服客戶買單、老闆說服員工、政府說服人民、父母說服兒女、過程也可能是反向相對說服。說服過程不外乎兩件事：說故事、賣東西。

說服，需要方法，這種先說故事，再講道理的方法，以一則真誠的故事打開陌生人的心防，或運用簡單的實例說明、類比和比喻，在顧客心中清楚呈現圖像，客戶自然樂意和你對話，並向親朋好友推薦——這種銷售技巧稱為「故事行銷法」。

06 顧客服務的故事錦囊——服務就是競爭力

透過溫馨感人的服務行銷故事，才能深切體驗「顧客關係與服務」是一場眼到、口到、心到、手到的心理戰。

一名台灣高鐵的服務員某次值勤時，在座位上看見一位中年男性乘客帶著他父親的照片一起搭車。後來，她發現這位乘客是為了替過世的父親，一圓生前無法搭乘高鐵的願望。這位男性乘客向她點了一杯咖啡後，開始對著手上父親的照片念念有詞。於是她思索了一會兒，不急不徐端上兩杯咖啡，並對男子緊握的照片說：「這杯是您父親的熱咖啡，請兩位慢用、小心燙口。」她在這名旅客淚流滿面的神情中，看見了感激。

如何比顧客更瞭解顧客？如何提供給他們「深獲我心」的產品和服務？

當你的顧客指定說「我的理財專員」、「我的牙醫師」、「我的營業員」、「我的美髮師」時，表示你與顧客之間有著真誠、正面、穩固的關係存在。管理大師彼得．杜拉克（Peter F. Drucker）說：「新經濟就是服務經濟，服務就是競爭優勢。」企業須針對顧客服務去進行策略性思考，建立以客為尊的企業服務文化。查閱下列故事，讓你瞭解顧客、滿足顧客，甚至預測顧客的需求。

07 品牌塑造的故事錦囊——精神象徵與價值理念的體現

「品牌化就是擬人化，感性的主張才有魅力」。因為一旦擬人化之後，品牌才會有個性、故事和風格。

——奧美集團策略長葉明桂

許多品牌故事的產生就是「活在當下」的領悟。一九五七年，小倉康臣先生是當時日本大和運輸的創立者。某天他看到在馬路邊孤零零躺著一隻落單的初生小貓，雙眼還張不太開，發出微弱的喵喵聲，呼喊著母貓，讓人看了心疼。他心生惻隱，要走過去移走小貓，以免小貓被來往的車輛撞傷。

此時突然一隻母貓出現，過去溫柔地舔了一下小貓的眼睛，小心翼翼，輕啣起小貓的脖子，然後慢慢把小貓移往安全的窩。康臣先生從那對親子貓的眼神中體會到這種細心呵護、無微不至的態度，正是宅急便服務應該有的精神：「懷抱著母貓對待自己親骨肉的心態，以小心翼翼的態度面對每次託付，對顧客的包裹視如己出般地呵護。」據說這就是後來黑貓宅急便的故事象徵。

品牌，因故事而偉大！這個品牌故事傳遞了一種價值象徵：小心翼翼，有如親送，不變的承諾。這個故事彷彿告訴員工：「每天從不同的顧客手中，接過託運的包裹。我們知道，這些都是有溫度的。我們也要以最小心翼翼、視如己出的態度，把客戶傳來的溫暖傳遞下去。」

品牌背後的故事，隱藏著玄妙的經營策略與企業文化。歐洲行銷之父，夏代爾（Dominique Xardel）說：「品牌之路就是跟顧客溝通、溝通再溝通。」透過說故事，能創造並延續你的品牌價值，避免掉入一味降價促銷的紅海，讓人們所購買的不只是商品，而是一種他們嚮往的生活方式。

品牌會幫助消費者做選擇，觸發消費者心中強烈的情感作用，進而強化他們一輩子對於產品的忠誠度。

☑故事錦囊：品牌塑造的故事來源

- 台達電、統一企業、聯強國際、中國移動、Acer、Google、微軟、可口可樂、IBM、麥當勞、APPLE、康師傅、NOKIA、海爾等企業的故事
- 《實在的力量：鄭崇華與台達電的經營智慧》
- 《透視台積電》
- 《撐起食品一片天：高清愿的統一企業》
- 《華碩馬步心法：施崇棠的策略雄心》
- 《不停駛的驛馬：聯強國際的通路霸業》
- 《聯想風雲》
- 《台塑台塑打造石化王國：王永慶的管理世界》
- 《海爾是海》
- 《中國啤酒老大：青島啤酒》
- 《阿里巴巴來了：馬雲的80%成功學》
- 《翻動世界的Google》
- 《可口可樂：誰將氣泡裝進瓶子裡？》

✓故事管理工具：辨識顧客行為風格，發展有意義的對話，促進成交

- 自己要先喜歡擁抱故事（聽故事、說故事、寫故事），讓自己改變氣質，變成擁有感性情懷的人（讓客戶、同仁、主管、部屬與家人喜歡親近你）
- 這種氣質，讓你樂於並懂得傾聽和詢問顧客關切的事項
- 進而在對話的過程中，引導客戶說出他的故事（需求動機）
- 適當分享自己成交經驗的故事
- 適當運用隱喻或類比的話術，豐富對話的想像空間
- 藉著辨識客戶屬性（表現型、友善型、分析型、控制型），不斷累積自己的故事錦囊

◀ 第三章

說故事行銷的力量

故事行銷已成為當今的新顯學。
未來是屬於「說故事產業」的世紀，
從創意文化、數位內容、設計、觀光到生活產業，
沒有一個不靠「賣故事」賺錢。

01 說故事行銷——右腦被故事喚醒

行銷是價值的創造與傳遞。故事可以行銷什麼？故事可以行銷個人，故事可以行銷理念，故事可以行銷產品，故事可以行銷品牌。故事行銷的關鍵在於：你是誰、他們是誰、參與故事發展的真實感。

一個十九歲的猶太小子 Levi Strauss，在一八四八年前往美國南加州，趕上興起的淘金熱潮。一開始他並沒有融入淘金人潮中，而是在礦區賣乾淨的飲用水，但是不久賣水生意被人壟斷，於是改賣帆布給淘金者做帳篷使用。沒想到帆布帳篷耐用性太好，一時庫存囤積太多，又正值滂沱大雨，倉庫面臨貨爛倉塌的危機。

Levi Strauss 在面臨銷售困境時，發現淘金者穿的褲子很容易磨損，於是靈光一閃：「如果將帆布做成褲子會如何呢？」他立刻找了裁縫師，將帆布剪成一批低腰、直筒、臀圍緊實的褲子。淘金者發現這種褲子既結實又耐磨，紛紛推薦給他人。於是這些用賣不出去的帆布為淘金客縫製的長褲，就以他的名字 Levi's 作為品牌，帶動了一世紀的流行。

另一個有關 Levi's 的故事是在一九三八年的某天，有位先生的車子在半路上拋錨，因為地處偏僻無法求救，他索性脫下身上的 Levi's 501 牛仔褲，將兩條褲管分別綁在車上，使勁地將車

故事可以破除障礙，建立關係

故事可以行銷人格

故事可以行銷理念

故事可以行銷產品

故事可以行銷服務

故事可以行銷品牌

子一路拖回鎮上。事後這位先生將這條牛仔褲送到 Levi's 公司，並講了這段故事給員工聽。聰明的廣告人員，後來將這個故事改編成 *Calça Levi's 501—comercial de 1989* 的廣告。

說故事就是一種行銷，行銷什麼呢？人格或理念、產品或服務、品牌、愛情。讓聽者聞之動容，並產生一種連結感。

近年來「微電影」興起，六分鐘到半小時也可將一個故事說得動人，這股風潮吹進台灣，內容融合了心靈勵志、時尚潮流、公益教育、品牌精神等主

一般行銷的發言者

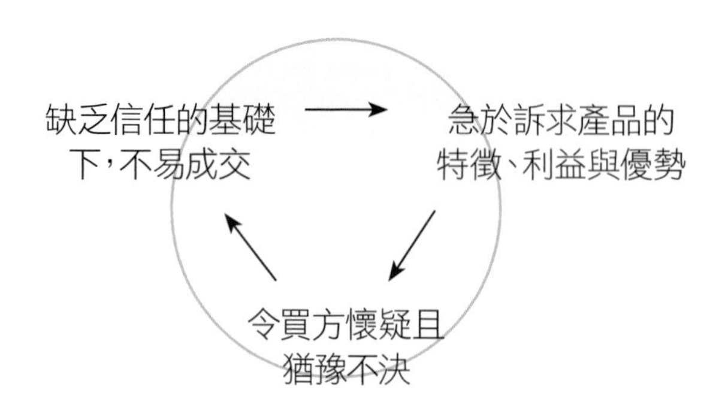

改編自 **Storyselling for financial advisors-how top producers sell**

---Scott West、Mitch Anthony

題。將理念置入故事情節之中，利用故事情節來吸引消費者注意，「微電影」成功凝聚了眾人的共鳴，這就是「故事行銷」。

學者Scott West、Mitch Anthony說：「我們在說服客戶的過程中犯的典型錯誤是，試圖用刺激左腦的事物（數字、事實、歷史），取代喚起右腦的反應（行動、冒險、決定）。故事行銷是運用比喻強化說明、激發想像，促成適合客戶特質的決定。」

透過故事行銷，讓行銷與業務人員擁有說故事的熱情，才能將這個神奇又美麗的故事，一次又一次地說給消費者聽。

故事行銷的發言者

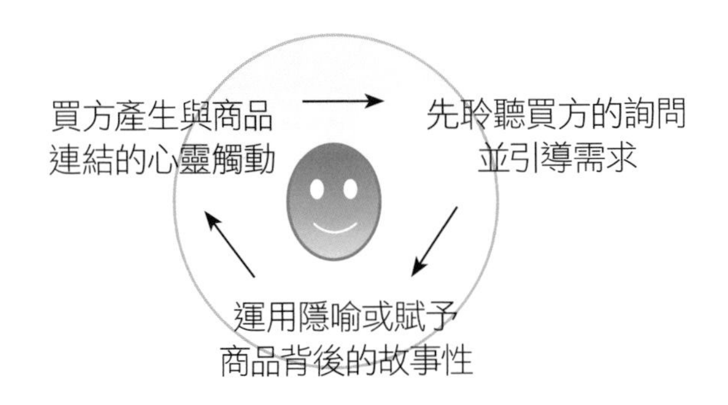

改編自 **Storyselling for financial advisors-how top producers sell**

---Scott West、Mitch Anthony

02 故事賦予品牌生機——增加人性化，融入顧客的生活

品牌故事透過軼文、趣事或傳說，不斷地傳揚，增加了品牌對消費者的說服力和親和力。品牌故事賦予品牌生機，增加人性化感覺，也融入了顧客的生活。品牌故事中的五個W和一個H，即人物、時間、地點、事件、原因和結果。反映了時代背景、文化內涵、社會變革及經營管理的理念。

海爾人砸毀冰箱：有缺陷的產品，就是廢品！

一九八五年，張瑞敏剛到海爾，那時稱為青島電冰箱總廠。有一天，他的一位朋友要買冰箱，東挑西揀地發現很多台都有毛病，都不滿意，最後不得已勉強買走一台。

事後，張瑞敏立刻派人把庫房裡的四百多台冰箱全部檢查了一遍，發現共

有七十六台品質不合格，存在各式各樣的缺陷。於是，張瑞敏把員工們叫到廠房，問大家怎麼辦？

大家面面相覷，拿不定主意。有人提出，乾脆便宜一點賣給員工算了。當時一台冰箱的價格要八百多人民幣，相當於一名職工兩年的收入。

張瑞敏說：「我要是允許把這七十六台冰箱賣了，就等於允許你們明天再生產七百六十台這樣的冰箱。」

於是他宣布，要把這些冰箱全部砸掉，誰做的瑕疵品誰來砸，並掄起大錘親手砸了第一錘！很多職工砸冰箱時流下了眼淚。

在接下來的一個多月裡，張瑞敏發動、主持了一個又一個會議，討論的主題非常集中：如何從我做起，提高產品品質。三年以後，海爾人捧回了中國冰箱行業的第一座國家品質金獎。

張瑞敏那一錘，砸醒了海爾人的品質意識：有缺陷的產品，就是廢品！

海爾人砸毀七十六台不合格冰箱的故事，從此就傳開了。據說那把著名的大錘，被海爾人擺在展覽廳裡，讓每一個新員工參觀時都牢牢記住它。

這個故事傳達出品牌領導者的理念：有缺陷的產品，就是廢品！同時也描繪出張瑞敏的領導風格。他先用「懲罰激勵」對自家有缺陷的產品開刀，其次建立「危機意識激勵」、「情感激勵」，告訴員工今天不重視品質，海爾就沒有明天。接著他運用「團隊榮譽激勵」，主持了一個又一個會議，最後展現「成果願景激勵」，捧回了國家品質金獎。

雖然當前全球百大品牌中，沒有一家是台海兩岸的品牌，但在Interbrand的「二〇一二中國品牌價值排行榜」中，海爾在家電企業排名首位，品牌價值增長了二五%。

我們可以透過故事力強化品牌力。想要掌握品牌故事的要旨，可透過多走動、深入瞭解第一線人員與顧客的互動，或內部跨部門溝通的現象，進而瞭解各部門（研發、業務、產品、後勤、財務、行政等）的獨特事件。將獨特事件發展成故事，大聲講，反覆不斷地講，直到目標消費群認同，在受眾心目中留下深刻印象。

03 故事傳達品牌背後的「人格與理念」

你知道全球百大品牌背後的故事嗎？故事是品牌管理的基礎，故事的核心就是「企業性格」。真實或傳奇的故事會賦予品牌生命，告訴消費者「我們存在的目的與獨特的貢獻」。

二〇一〇年六月的一個週六早上，我與教會的弟兄姊妹一起去參觀宜蘭的蘭陽博物館，順帶郊遊一番。抵達時正好下起傾盆大雨，這個「見面禮」彷彿是地主歡迎我們這一群台北貴客的熱情展現。博物館造型非常獨特，不對稱的大面玻璃帷幕，遠遠望去像是一隻浮出水面的鯨魚。

時間過得很快，下午準備盡興而歸時，朋友提議可以到附近市區一家頗負盛名的糕餅烘焙店買一些伴手禮。

走到店門口，人潮絡繹不絕，擠入店內看見架上陳列著標榜使用天然酵母發酵的歐式麵包、宜蘭三星蔥手工製成的蛋卷、鳳梨酥、芋泥酥、選用雪霸國家公園頂級草莓做成的草莓奶凍等，因此我也隨手買了一些。

回去後，好奇心驅使我上網查了一下這家店的背景，到底有何魅力能夠吸引眾多顧客。網站首頁的一段話似乎給了我解答：

一開始踏入烘焙業，
其實來自美麗的想像。
三、四十年前一個門外漢，
因對畫畫的熱愛，
想像著能將蛋糕當畫布，
在每個快樂的日子裡，
為壽星彩繪出歡喜，
所以一頭栽進這個領域，

初始以蛋糕、麵包、喜餅為主……

這一段話似乎是創辦人寫的，短短數語卻隱藏了一個故事，帶給我的是莫名的心靈悸動。因為我小學六年級時，爸爸也曾送我去當時的「黎明文化中心」學習油畫，我還記得當時的老師是任教政戰的金哲夫先生。因此當我看到這段話，就在心中產生了一種「情感連結」。

同樣是學過畫，因此每當我買這家烘焙坊的產品時，便彷彿與這個故事產生連結，支持他的理念，欽佩他的人格。

這種在情感上支持他人的理念或人格，就像美國黑人支持金恩博士的《我有一個夢》、以色列人服從摩西帶領出埃及、台灣之光陳樹菊阿嬤的樂善好施，這些故事都體現了主人翁的人格或理念。這就是故事的魔力。

行銷管理大師 Philip Kotler 說：「品牌的意義在於企業的驕傲與優勢，當公司成立後，品牌力就因為服務或品質，形成無形的商業定位。」

品牌故事有三種形式：

❶ **品牌創建者的某段經歷。**

如：海爾張瑞敏怒砸了七十六台不合格冰箱；蘋果賈伯斯參觀全錄公司，驚覺圖形界面和物件導向是未來趨勢等。

❷ **技術或原材料的發明或發現故事。**

如：春水堂發明的珍珠奶茶等。

❸ **品牌發展過程中所發生的典型故事。**

如：春水堂林經理發明了珍珠奶茶，先試賣兩週，獲得不錯的市場反應後再告知老闆。

故事管理工具：品牌故事的形式

品牌是產品的靈魂，它代表了：知曉（awareness）、聯想（association）、認知價值（perceived quality）與忠誠度（loyalty）。
說一個我們自己品牌的故事：

1.品牌創建者的某段經歷

____

____

2.技術或原材料的發明或發現故事

____

____

3.品牌發展過程中所發生的典型故事

____

____

04

商品故事的案例與啟發

石碇思動饅頭——生命試煉出的美好滋味

故事可以訴諸人的感性，促進人們的想像力。人在聽故事的時候，都會自然而然地，用五感去想像！而想像這種行為，可以讓五感在頭腦內運作。

——高橋朗《五感行銷》

商品的故事，可否透過情真意切卻不矯揉造作的方式，娓娓道來呢？我第一次看到這個故事是在網路上的部落格，從此我對於購買饅頭有了新的選擇與依戀。請您聽一個石碇「思動饅頭」的故事——生命試煉出的美好滋味：

老大永遠只有九歲

我是一個母親，我有兩個孩子，老大永遠只有九歲，老二，今年夏天即將自小學畢業，我每天祈禱他能把哥哥沒經歷到的人生活回來。二〇〇一年，大兒子無預警地發病，送醫六個小時，心臟衰竭走了。醫生做了遺傳篩檢，也無法給我們一個明確的答案，只說是罕見疾病。

相隔四年，小兒子的心臟也發出警訊，我和先生在醫療團隊的支援下極力搶救。二〇〇七年第一次換心，不到一年即告危急，迫不得已，二〇〇八年一月再次進行心臟移植手術。老大猝逝，我肝腸欲斷，甚至罹患憂鬱症，成日沉浸在哀傷裡。直到老二發病，喚起我為人母的鬥志，無論如何，我一定要留下一個孩子。小兒子第二次換心後，我和先生收掉原本生意不惡的早餐店，搬回山上老家定居，全心全意照顧他。

保護心血管的食材

孩子的二次換心，帶給我們極大的震撼。原來健康是如此重要！器官移植後的照顧最怕發生排斥和感染，死亡仍時時威脅著我們。因此如何把握有限的生命，克服困難，讓孩子健康平安地活著，是我們夫婦這一生最大的課題。

於是我們不斷地搜尋能保護心血管的食材，經過一年多來不停地研究和嘗試，發現蕎麥、燕麥、紅薏仁、糙米、黃豆、白木耳、核桃、黑、白芝麻、杏仁、南瓜子、葵花子、枸杞、蓮子、紅豆……有極佳的營養價值。

生命試煉出的美好滋味

孩子在這些食材的幫助下，身體機能逐漸穩定。我們從孩子的反應中，調配出符合健康概念的饅頭。

我們的饅頭基於健康及均衡營養的考量，添加五穀類及堅果類，以增加膳食纖維與不飽和脂肪酸攝取量，不添加任何化學物質，完全以健康養生為目的。我們願將愛和感謝化成一顆顆熱騰騰的饅頭，分享對生命由衷的熱情！

那一句「老大永遠只有九歲」，思勳媽媽情真意切地娓娓道來喪子之痛，聽者為之落淚，聞者為之動容。故事的引爆點（Tipping point）就在這一句話悄然展開，「感性情懷」的鋪陳，引發閱聽者一探究竟的欲望。

思勳媽媽繼續述說著：相隔四年後，小兒子的心臟也發出警訊，分別在二〇〇七、二〇〇八年兩次進行心臟移植手術。此時沉浸在哀傷裡，甚至罹患憂鬱症的思勳媽媽，喚起「為母則強」的鬥志，她，無論如何也一定要留下一個孩子。此段鋪陳了第二段高潮起伏的三個轉折點（Turning point），分別是：小兒子的心臟也發出警訊，二〇〇七、二〇〇八年兩次進行心臟移植手術。情感描繪深刻，情景刻畫鮮明。

第三段的價值啟發點（Inspired point）訴之以理：面對死亡時時威脅，思勳媽媽與先生選擇勇敢面對挑戰，開始尋找保護心血管的食材，並研發調配出符合健康概念的饅頭。此點做了很好的關連性連結。

最後讓生命試煉出的美好滋味，將小愛擴及大愛，做了完美的結束。此故事行銷手法，以「時間」、「空間」、「人物」的情境娓娓道來商品的「感動力」，讓聽者將一掬同情之淚化為實際行動的認可與支持。故事真的發揮力量，讓人們聽完後採取行動，讓世界變得更美好。

兩年前，我在宜蘭縣政府輔導在地觀光工廠的計畫中，擔任「說故事行銷」的顧問講師，引導學員透過「故事的三段落法」，說出自己品牌背後的故事。以下幾節是發表的案例與我的評點。

故事本身就是娛樂、導引、告知和說服的最佳工具。說故事更能創造親和力，讓理性的論證巧妙地被聽到。讓故事幫助你在品牌策略、產品銷售、創新管理、顧客服務、組織文化創造好績效。

虎牌米粉——一輩子的朋友，尚健康的品質

上午載黑金，下午賣白金

「這樣下去要怎麼辦？」老闆娘一邊算著帳單，一邊嘆氣跟老闆說，「咱是新品牌，人客只要比價格，咱的原料成本比較高也沒辦法。」

兩個人都不敢再講下去。大家收入都不高的六十年代，市場是七分價格三分品質的態勢，老闆的學歷不高，連品牌也是從台灣俚語「虎豹獅象」中得到的靈感，想說帶頭的是老大，就取了「虎牌米粉」

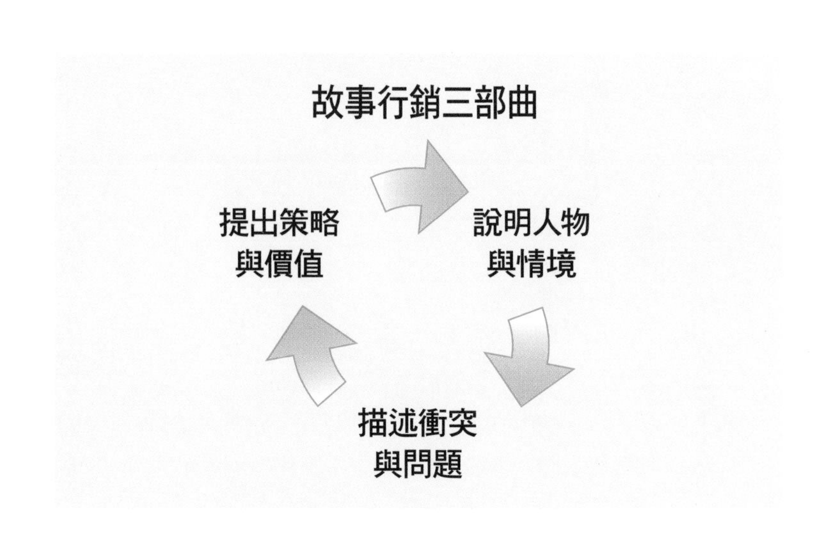

這個名字。但他對產品有和其他業者不一樣的想法，「不然我早上還是回去五坑做礦坑，下午再去跑客戶好了。」

就這樣，老闆持續三年天未亮就去石碇開卡車載黑色的煤礦，下午回木柵公司再換上襯衫跑業務賣白色的米粉。

土法煉鋼的體驗行銷

「天黑了還要出門？」

「這個時候人客才有閒。」

老闆帶著小瓦斯爐、鍋子和簡單的調味料出門了，來到廸化街：「頭仔，你好，我下午有來拜訪過，天氣寒，我煮一點東西給你吃。」

客人吃過後，對老闆說：「這甘是你下午說的米粉，很好吃哪！跟以前的米粉很不一樣。」客人不敢相信地看著手中的米粉，因為以前的米粉從來沒這麼有彈性。

他用筷子小心地夾起一條米粉，來回反覆地咬斷那條米粉，確認不是自己的錯覺後，客人訂了米粉。老闆熟練地從唯一的一台二手小發財車上搬了兩箱米粉賣給客人。

老闆不懂什麼是體驗行銷，他只知道吃過他米粉的人，就會買他的米粉。過了幾年，虎牌米粉已經是數一數二的米粉品牌。

一輩子的朋友，尚健康的品質

「咱決定在宜蘭蓋工廠了，」老闆在會議中正式下了最後的決定，「咱要在無污染的地方，做尚健康的米粉。」

這不是老闆蓋的第一間工廠，卻是公司的一個里程碑。「以前的工廠都是為了做好吃的米粉，這間工廠咱不但要做好吃的，更要做尚健康的米粉。」工廠不但通過了 ISO22000 和 HACCP 的品質驗證，直到今日，虎牌每批產品，仍要求品管人員，都要試煮過，品質通過才能上市。

「水若濁就是吐粉，表示米粉蒸不透，炒下去會斷，不會Q彈。過夜米粉下面會吐水，就表示米粉煮湯會糊去。」老闆以帶著自信和驕傲的表情，解說著自創的三分鐘米粉煮測法，就像是對這四十多年投入米粉產業的熱情，最精華的詮釋。這也是最初創業時的堅持與承諾，把客人當朋友，把最好的東西和好朋友分享。

宜蘭餅——阿嬤我要嫁尪啊！

阿嬤我要嫁尪啊！

早期物資缺乏的年代，要吃到一塊餅、一口麵包都算是奢侈，更別說是包著油滋滋肉角的大餅。所以當年阿嬤出閣時，既沒宴客，也沒分送大餅，只是默默地跟著阿公從宜蘭遠嫁到高雄。

民國一百年的夏天，我拎著各家的試吃喜餅，走進家門，撒嬌地嚷嚷著：

「阿嬤！您甲意呷哪一種？」

只見阿嬤毫不考慮便拿起了牛舌餅，張口咬下的那一剎，阿嬤的淚從眼角悄悄滑落，我便暗自決定要帶阿嬤走一遭宜蘭。

宜蘭在地情，盡在宜蘭餅

「阿嬤！咱要去宜蘭看喜餅，您要跟阮通齊去喔！」由於考慮阿嬤的身體狀況，體貼的「他」建議大家搭高鐵，兩個半小時後，我們一群人浩浩蕩蕩抵達阿嬤的故鄉——宜蘭。

來到宜蘭餅總店，一踏進店裡，門市小姐小青便熱情地招呼我們吃茶，並且親切地切著各式古早或改良過的中式喜餅給我們試吃。阿嬤開心地邊吃邊細數在宜蘭的童年往事，聊著聊著，阿嬤忽然感慨了起來：「呷老就無路用，全組攏壞了了，乎醫生講嘎蝦咪攏未駛呷。」

我告訴小青，阿嬤有糖尿病，不可以吃糖分高的食物。小青微笑地說：

「阿嬤勿要緊，阮的餅用的是海藻糖，糖分只有一般糖的三分之一，牛奶嘛是用天然耶，您做您放心嘎呷。」

阿嬤露出滿意的笑容，大口咬了手中鬆軟香甜的餅，看著阿嬤一臉的滿足，我肯定了自己的選擇。

阮甲尚好耶獻給她

訂婚那天，祭祖時，阿嬤喃喃地告訴祖先：「今天咱小茹要訂婚囉！她選的是阮宜蘭故鄉耶餅，勁——好呷！祖先恁著要甲伊保佑，嫁到好尪，幸福一世人喔！」

鹹鹹的淚水，伴著甜甜的心情與深深的不捨，從我臉頰滴落，腦海中響起的是那首充滿溫情的歌：「細漢仔時陣阿嬤對我尚好，甲尚好的東西攏會留乎我，大漢了後，伊煩惱阮嫁了好不好？」今天我要出嫁了，很開心能將最甜蜜的回憶和最美味的餅，獻給最疼愛我的阿嬤。阿嬤您放心，我已經是最幸福快樂的新嫁娘了，您也要長命百歲，等著做「阿祖」喔！

這篇故事情境營造極佳，本土用語討喜親切，因此我給予高度評價。

第一段引爆點：運用「時間軸」的對比，由當年阿嬤出閣與現在我要嫁尪，引出試吃喜餅的主題。情感描繪深刻，情景描繪鮮明，埋下引人入勝、一探究竟的欲望。

第二段轉折點：頗為精練，將阿嬤有糖尿病，不可以吃糖分高的食物，與產品的獨特銷售賣點（使用海藻糖及天然牛奶）做了很好的連結。

第三段價值啟發點：動之以情，以「感性情懷」的鋪陳做了完美的 happy ending。

此故事行銷手法，以「時間」、「空間」、「人物」的情境娓娓道來商品的「感動力」，在聽故事的當下，讓人在想像中得到五感（視、聽、觸、味、嗅）的真實體驗。

玉兔原子筆——

走過一甲子的傳承，堅持搗筆的玉兔

怎麼這麼難削！

老媽媽坐在小板凳上，頂著昏黃的燭光，手拿著菜刀，為她心愛的小男孩將粗糙的樹枝鉛筆一刀一刀、一片一片地削出尖來。

小男孩漸漸長大，但那慈母深情的背影卻一直在他的心田中繚繞，於是一生的理念油然而生：我能否為大家做一枝「好寫方便的筆」。

人手一枝的小兔子

小男孩成家立業後，遠赴日本學習並回台鑽研，於一九六五年生產了「全台灣第一枝原子筆」——就是那枝「啵」的一聲，黃桿藍帽的F220原子筆。

自此大家出門不必背著硯台，寫字不用帶著刀片，靈感一來，隨手寫下，寫意人生。爾後每每想起學生時代書寫的美好，就像中秋賞月時天上的一輪明月，手上一枝玉兔一樣。

擇善固執的一窩兔子

西元二〇〇八年，玉兔第二代為著這隻小紅兔的未來，導入觀光服務業精神，在宜蘭老廠成立「玉兔鉛筆學校」，將「工廠觀光化、觀光工廠化」的最新理念實際應用出來，讓這隻小紅兔的精神與堅持，再次「靈動」地在大家面前「躍動」。現在常可聽到老朋友感性地驚呼「啊！這就是爸爸我小時候用的那枝筆耶！」

小玉兔更分享深藏多年的製筆奧義，讓你知道鉛筆為什麼叫鉛筆、到底跟鉛有什麼關係？還有，關於鉛筆常常削斷的問題，有人認為是摔鉛筆所造成的，其實是——賣個關子，等你親自來尋寶、找答案吧！

割稻仔飯——請大夥來湊熱鬧喔！

來唷，割稻仔啊，大夥緊出來喔！

憶兒時，阿公與左鄰右舍在稻田間辛勞地插秧、播種，那汗水有如雨水般落下，等待著午餐時光的到來。我們兄弟倆就好像阿公的傳令兵，只等阿公一聲令下：「叫你阿嬤好煮飯啊！」田埂間的大夥與我們兩個猴囝仔，都在期待著阿嬤和母親大展廚藝。

呷到阿公、阿嬤ㄟ辛勞，感受做人兒女的幸福

在早期物資食材較為不豐的年代，通常都是家裡有什麼食材就煮什麼，有什麼東西就吃什麼。阿嬤與母親總是能夠把最平凡常見的食材，做成最美味的佳餚。看著阿嬤穩健的步伐，走向田埂間大喊著「吃飯喔」，阿公與左鄰右舍便放下割稻仔的工作，走向阿嬤的身旁，看著阿嬤慢慢拆開綁著大紅花布的竹

籃，裡頭的菜餚香味立刻感染了大夥，肚子也跟著咕嚕、咕嚕地叫了起來。看著阿公與大家滿足的表情，阿嬤也露出了得意與自信的笑容。

阿公、阿嬤的「種稻心」、「割稻情」

隨著時代變遷，光陰的流逝，大家也慢慢淡忘了農忙時的辛勞。二〇一一那一年，阿公的背影只能憑腦海的記憶去想念了，阿嬤的步伐也隨著時光變得更加緩慢與沉重。我與弟弟決定，要傳承阿公的精神和阿嬤的心意，做起了割稻仔飯，欲填滿阿嬤對阿公的想念，喚回大家對農村的「種稻心」、「割稻情」！

誠心邀請大家來穀倉餐廳，體驗割稻飯的辛勞幸福滋味！

本故事情境營造極佳，本土用語討喜親切，因此筆者給予高度評價。

第一段引爆點：運用憶兒時的「時間軸」，隨即人物序列出場：阿公與左鄰右舍、兩個猴囝仔、阿嬤和母親。接著情景描繪鮮明：插秧、播種、大汗有如雨水般落下，引出田埂間香噴噴美味飯餚主題，埋下引人入勝、一探究竟的欲望。

第二段轉折點：「有什麼食材就煮什麼」、「看著阿嬤慢慢拆開綁著大紅花布的竹籃」，做了很好的關連性連結。這兩者已經緩緩鋪陳謎底答案，所以應該即時例舉一些當下吃到的食材，才不會有隔靴搔癢的遺憾感。

第三段價值啟發點：動之以情。情真意切地追憶阿公，並點出阿嬤的步伐沉重，帶出「種稻心」、「割稻情」，感性情懷充分流露，在此對割稻仔飯做了完美的 happy ending——傳承阿公的精神和阿嬤的心意！

此故事並且運用情景描繪如：「汗水有如雨水般」、「肚子也跟著咕嚕、咕嚕地叫了起來」、「阿公的背影只能憑著腦海的記憶去想念」等，觸動讀者五感神經。

「六源味」廚師的轉型歷程——衣帶漸寬終不悔

心痛的感覺

人稱「小六哥」的我，原本在台南經營兩家日本料理店，經常在找尋魚食材上遇到困難。有次休假日開車回母親的故鄉宜蘭，發現這裡有很多近海魚貨，很適合用來作為日本料理食材，頓時心生一念，決定在這裡開始挑戰北海道名物「一夜干」。由於以往在店裡也常製作鯖魚一夜干，便想以創新的手法將它商品化賣給同業。於是我與沖沖地與姊夫一股腦兒地投入生產行銷，「校長兼撞鐘」的我，既要生產，也要親自到台北招攬客戶，就這麼兩頭跑。

我們的作法是以料理店原本的製作方式加大產量來生產，但由於設備及流程不對，導致無法在大量生產時做出與料理店相同的品質。產品無法得到客戶的青睞與採用，眼看著上百箱的產品滯銷、損壞，我的心中暗自流淚。這是我創業以來人生最大的低潮。

臥「腥」壯膽，「六源味」魚道成功

在一個去台北找客戶的中午空檔，我決定到圖書館搜尋相關資料以找出解決問題的方法。一年後，我才從無數次失敗中找到比較好的生產流程。

這時我信心滿滿地北上，向一間有三十多年歷史的日本料理店推銷我的商品。但老闆卻以為我的是大陸貨，不可能做得出好的鯖魚料理，將我的魚就丟在桌上。我還是拜託老闆給我一次機會，請料理師傅試試我的鯖魚。一星期後的晚上，我接到老闆的電話，向我訂了兩箱鯖魚，這是一年多來最大的一筆訂單，我高興得晚上睡不著。他是我生命中的貴人。

衣帶漸寬終不悔——自我超越，向生魚片挑戰

此後我陸續接到許多訂單，和姊夫合夥打拚，覺得事業總算有起色了，在客戶的要求下，我們也開始增加一夜干的種類。不過，身為料理人，最嚮往的食材自然是對魚的最高鮮度要求——生魚片食材。

要在傳統市場取得生食等級的食材相當不容易，我再一次向物料源頭前進。為了找鮪魚，連夜開車前往東港，為了要鮭魚，到桃園機場找進口貿易商，就是希望取得第一手的生鮮食材，再用新的包裝及專車配送方式，將生魚片食材交給日本料理店。

不久，在料理界同業的介紹下，認識了一位五星級的日本料理主廚，他親自到我們生產魚貨的環境視察並試吃，我期待地看著他試吃後的表情。他緩緩說了一聲：「讚！」決定向我們採購一夜干及生魚片食材，還把我們推薦給其他日本料理與飯店同業。至此我流下了一顆喜悅的淚珠。

如今「六源味」魚業以永續經營為己任，希望藉由我們不斷的努力，讓好的魚貨可以正確地交到師傅手上，也讓更便利的魚產品能直接送到消費者手上，享受更好的在地資源。

第四章

領導，活用你的故事力

好的領導者往往是說故事高手。
說故事能增進溝通、啟迪智慧、豐富情感。
賈伯斯在二〇〇五年史丹福大學畢業典禮上，
運用三個故事──
「串連生命中的點點滴滴」、「關於愛和失去」、
「關於死亡」，
贏得聽眾起立鼓掌兩分鐘。
王品集團戴勝益看「海豚表演」引發的激勵故事，
前奇美實業董事長許文龍的「釣魚」管理哲學故事，
都是透過故事隱喻利潤分享的實踐。
領導者運用故事，在潛移默化中惕勵與教化人心。

01 會說故事的領導人——說故事，說出影響力

哈佛大學認知心理學教授霍華．加納（Howard Gardner）：「每一位偉大的領導者，都是很會說故事的人。」

先說故事，再講道理！故事，是最有魅力的領導方式，故事可以活化願景、凝聚共識，達到領導者設定的目標。

富邦金控董事長蔡明忠，日前在新北市樹林三多國中對四百多名學生開講，推動青少年建立正確金錢觀：克制物欲。他也說了一個故事，坦言從小媽媽管教很嚴，不准他們兄弟吃糖，就「被迫」克制物欲。所以他最歡樂的時光，是每逢拜拜可以大吃大喝的時候，「其他長輩都會拿糖給小孩吃」，讓他終於得到片刻的物欲滿足。

透過故事，蔡明忠先生引導同學先分辨「什麼是需要，什麼是想要」。有同學答：「早餐是需要，買專輯是想要。」他接著說，只買想要、不買需要的東西，就是浪費，並引用台語俗諺「人有兩隻腳、錢有四隻腳」，人要去追錢，永遠都追不上。因此，他希望國中同學，年紀雖還小，但也要控制「物欲」。

王品集團戴勝益董事長在集團內樹立的「龜毛家族」條款，是企業價值觀的宣示，它不但規範了個人操守，甚至連同仁私人買車的等級都要求。其實這背後有一段故事。

多年前，有一位王品的計時洗碗工，她每天來工作四個鐘頭，一個月薪水一萬元。這位歐巴桑不但做洗碗工，每天上下班還隨身帶一個布袋，沿路回收廢罐子拿去賣。有一天，她在路上撿罐子不幸被車撞死了。

這件事讓戴勝益開始思考什麼是企業文化？「一個為家計營生到王品洗碗的歐巴桑，看到總經理開著百萬名車代步，會造成自身的自卑和公司內部的階級落差加大，這不是企業文化，這是炫耀文化。」

他賣掉BENZ，辭去司機，自己買了國產九十二萬的休旅車。戴董以身作則，放棄名車，其他一級主管跟著效法，至少兩位主管也停開BENZ。戴董說，這件事情讓他對企業文化的養成，有更深刻的啟發。

前奇美實業董事長許文龍的「釣魚」管理哲學故事，則是利潤分享作法。許文龍說了一個故事：

有一次一群朋友釣魚，結果只有他釣到，別人沒有，整船的氣氛變得不太好。因此讓他想到，一群朋友釣魚，如果只有他釣到別人沒有，整船的氣氛就會很壞，氣氛最好的情況是大家都釣到一樣多，或大家都沒有釣到。「釣魚不是為了吃魚，而是大家一起分享的樂趣。」

所以，他將每年超過公司營利目標外多賺的部分利潤還給下游的廠商，雖然錢數不多，卻贏得廠商對企業的信任及認同；並且早在民國七十年代就開始實施員工入股制度，目的就是讓員工和老闆直接受益企業的獲利。

ＩＢＭ流傳著一個老故事：

前任執行長華特森（Tom Watson）有一天陪來賓參訪公司，沒想到卻因未帶識別證而被盡責的警衛擋在大樓門口。陪同的人力主管大聲喝叱警衛，卻被華特森阻止。他讚賞警衛盡忠職守，沒有因為特權而網開一面，這也凸顯ＩＢＭ「安全性」的核心價值。

四者的故事顯示出：**故事，可以活化願景、凝聚共識、建立企業組織文化，有助於達到領導者設定的目標。**

此外，相較於寫故事，臨場說故事需要多一些**聲調語態**、**肢體語言**的表現。「聲調語態」是運用抑揚頓挫、輕重緩急的語調，塑造聽者身歷其境及聽聲辨人的感受。「肢體語言」是當角色不只一人時，可善用「移形換位」肢體互置法，模擬多人情境。此外還可以善用「暫停」，以製造懸疑、好奇的氣氛，讓聽眾產生聯想。

要說好一個好故事，請掌握下面的要訣：

- 利用「TTI」三段落，聚焦重點與目的，重新剪裁繁冗枝節。
- 不要為故事而說故事。要感動別人之前，先感動自己。
- 多觀察社會脈動與周遭變化，連結生活經驗，才容易引起共鳴。
- 有些創造的故事可掌握七分真實、三分改編原則。
- 以金句或俗語收尾，有助於故事達到完美結局。

☑故事管理工具：領導人說故事

❶「我是誰」的故事（領導者的價值觀與信念）

---

❷「我們是誰」的故事

（引領團隊或組織認同感）

---

❸「我們要往哪裡去」的故事

（一起實現夢想和希望）

02

領導者用故事，在潛移默化中惕勵與教化人心

透過不同型態的領導與管理的故事，引導經理人找出自己的故事源，引發感性情懷，自然而然成為說故事的天生贏家！組織更可以運用傳頌的故事，當作管理的利器。此外，隨手拈來的真實案例也可以引述作為故事，讓聽者從故事中學習典範與標竿，領略管理與領導的啟示。

賈伯斯在二〇〇五年史丹福大學畢業典禮上，運用三個故事——「串連生命中的點點滴滴」、「關於愛和失去」、「關於死亡」，贏得聽眾起立鼓掌兩分鐘。

在我的業務與行銷生涯中，有一位令我印象深刻的業務部門副總，他很善於運用「故事領導」的方式啟發我們。那一年，時值我擔任電信公司業務處長，帶領約六十餘人的業務團隊。當我正愁如何在承上啟下的過程中扮演好自己角色，在一次處長級的會議中，副總緩緩說了下面的故事：

甲、乙兩軍對峙已久，戰況膠著，雙方人馬各約一百人，他們研判必須搶占山頭制高點，才能克敵制勝。山頭制高點位於兩軍陣地中央位置，距離等距，然而沿途路況崎嶇泥濘，必須靠行軍才能抵達，所以誰先登上山頭就成了關鍵的任務。

甲軍指揮官軍令嚴明，日夜行軍甚為操勞，都有一定進度。行軍過程注重效率與方法，曉以大義之餘，不忘鼓舞士氣，恩威並施。沿途雖不乏有體力不繼掉隊者，但全軍以大局為重，不能因小失大，所以花了三天時間只有八十人抵達山下，然後就迅速登上山頭。

乙軍指揮官宅心仁厚，體恤部屬，行軍過程走走停停，盡量配合部屬速度為主，所以花了四天才到山腳下，成員一百人全部到齊。但此時，乙軍遙望山頭，只見甲軍好整以暇，已在山頭上架好一排重機槍，乙軍驚恐之餘還來不及躲避，就響起一陣「噠噠噠噠」掃射聲，乙軍一百人全軍覆沒。

故事停在這裡。副總經理沉默了一會，讓大家回味故事情節，並詢問大家的心得感觸。接著，他開始解讀故事的意涵：如果甲軍指揮官代表的是「殘忍的仁慈」（全軍以大局為重，不能因小失大，殘忍犧牲二十人，仁慈保全了八十人），那麼乙軍指揮官則是「仁慈的殘忍」（仁慈配合一百人的行軍過程速度，最後卻換來犧牲一百人的殘忍結果）。接著他問大家：請問在團隊領導的過程中，你們會是哪一種指揮官？於是我們共同得到的結論是：贏得部屬滿意就會受到歡迎，創造卓越績效才能受到尊敬。

哇！會說故事的領導人真有魅力。說故事，說出影響力。

故事力養成——體會、記錄、累積、分享

分享
場合應用

體會
生活經歷

記錄
心情點滴

累積
故事錦囊

領導者說故事型態

領導類型	故事源
自我領導	情緒管理、時間管理、壓力管理
一對一領導	積極傾聽、同理心、激勵、溝通
團隊領導	專案管理、目標設定、執行力
組織領導	願景、權能、授權、衝突、變革
教練型領導	以身作則、信任、尊重、關懷

出自：《領導，活用你的故事力》張宏裕◎著，雅書堂文化出版

03

故事讓願景鮮活——先說故事，再推專案

我相信在這些偉大專案推動過程的背後，一定都有動人的故事。如果能夠挖掘這些專案背後的故事，不論它是淒美悲切或昂揚激勵，將會增添幾許動人的感性情懷。而這些感性情懷所激發的借鏡隱喻，或將有利於「專案領導人」掃除在過程中的障礙，並強化與「利害關係人」的良性溝通。這就是「故事力」可以發揮的影響力。

人類歷史上有許多令人嘆為觀止的工程建設，都可視為某種形式的「專案管理」。例如：橋梁、鐵塔、長城、水壩、運河、金字塔等，乃至於近期的北京奧運、高雄世運、上海世博、台北花博、倫敦奧運場館的建築，都需要專案經理人或「工頭」確切掌握「時間」、「資源」、「預算」等關鍵因素，以利高品質的成果展現。

舉例而言，我剛從捷克旅遊回來，那裡最為世人熟悉的兩個景點，莫過於伏爾塔瓦河（Moldau，或稱Vltava莫爾島河）及查理士橋（Karluv mos或稱Charles Bridge）。導遊告訴我們，捷克音樂家史麥塔納的交響樂詩《我的祖國》第二樂章，就在描述伏爾塔瓦河。而捷克神話又為這條河加上一個水上幽靈——一個穿著綠夾克、抽煙斗、樂於為人提供忠告的小矮人——更引發人們無限的遐思而廣為流傳。

至於查理士橋則是布拉格最古老的一座橋，跨越伏爾塔瓦河。我立刻想到，如果將查理士橋的興建過程，看做是一項「專案管理」，那背後有什麼故事呢？

導遊告訴我們，查理士橋的興建可追溯至西元一一六五年，由查理士四世命令他的教堂建築師彼得．帕勒興建。根據傳說，這座橋的砂漿摻入雞蛋，所以比較堅固，數度遭受水災破壞卻從未傾倒。橋的兩側共有十五座以宗教故事為主題的雕像，其中一座最負盛名的雕像是頭戴金冠的聖尼柏繆克像（St John Nepomuk）。傳說國王溫瑟拉四世的王妃，曾向尼柏繆克告解自己的心事，而國王疑心甚重，欲迫使尼柏繆克透露詳情，但遭到了拒絕。於是國王憤而在西元一三九三年對其施以酷刑，並將他從橋上拋入河中。後繼者追封尼柏繆克為聖人，供世人憑弔。

故事說完後，導遊還慫恿我們去摸一摸這個雕像，為自己帶來好運。我心想，不知當時的雕刻家在從事這座雕像的專案工作時，是戒慎恐懼、感覺意義重大，還是熱情澎湃、緬懷聖人風範？但相信他們絕對想不到，這座雕像竟會因這個「故事」，在數百年後被觀光客撫摸得閃閃發亮。

聽完了西方查理士橋的故事，還有東方萬里長城的孟姜女萬里尋夫、哭倒長城的故事。

萬里長城「專案」在興建過程中，不知大工頭「秦始皇」在工作任務的規畫與分配中，是否顧及到各「利害關係人」的權益與負擔呢？大工頭可能想不到，曠世奇蹟的長城建築背後，竟然還蘊藏著一樁故事：一個秦國築城的役人名叫杞良，不堪勞苦，偷偷逃走，被抓回工地後受刑致死，遺骸埋在牆基。杞良的妻子癡情孟姜女於是萬里尋夫，連哭十天，最後哭到城牆崩塌，終於找到埋在牆基下的遺骸，為萬里長城平添幾許淒美哀傷色彩。

還有一個《舊約聖經．出埃及記》記載摩西的故事，可用來隱喻專案管理中所需具備的幾項知識領域，如「溝通管理」與「時間管理」等。

摩西是生於約西元前十三世紀的猶太人，從小戲劇性地被埃及法老王女兒領養，在宮廷中接受良好教育，卻默默地看著他的同胞以色列人在埃及過著奴隸生活。摩西長大後，在一次看不慣埃及官長虐待鞭打以色列人的事件中，他竟失手殺了埃及人。為了逃避法老的追殺，摩西只好亡命天涯，在米甸的曠野中牧羊長達四十年。就在他將近八十歲的時候，耶和華在西乃山呼召摩西出來拯救以色列人，救他們脫離埃及人的手，領他們到美好、寬闊、流奶與蜜的迦南美地。

這個艱鉅的任務，對於拙口笨舌的摩西而言相當為難，但是上帝賜給他口才，給予他信心。當摩西到埃及法老王面前，請求法老王准允讓以色列人離開埃及時，法老王聽聞後心裡剛硬，不肯應允。後來摩西在與法老王談判交涉的過程中，配合上帝的旨意，逐一降下十樣災害：水變作血、青蛙、虱子、蒼蠅、瘟疫、起泡的瘡、冰雹、蝗蟲、黑暗、擊殺埃及頭生長子等，意欲使法老王剛硬的心屈服。直至最後第十災，法老王自己的長子也被擊殺，他才勉強同意讓以色列人離開埃及。

而當摩西帶領著兩百萬以色列人出埃及，即將走到紅海邊界時，法老王卻突然後悔，立刻指示追兵在後追趕。此時上帝指示摩西，要他舉杖向海，伸手把海分開，於是海就像牆壘一樣向著兩邊分開，以色列人就步行下到海中走乾地。當埃及軍馬從後面追趕過來時，海水又合起，無盡的海水隨即把埃及軍隊淹沒，以色列人終於順利過了紅海。

我試著以這個故事隱喻專案管理中所需具備的知識領域，如整合管理、範疇管理、時間管理、成本管理、品質管理、人力資源管理、溝通管理、風險管理等。

❶ **整合管理**：摩西必須先制訂計畫，評估與法老王的各種衝突情況，在方案之間進行取捨，並監控進度，以利出埃及的目標達成。

❷ **範疇管理**：摩西還要找出哪些工作隸屬於本次專案的範疇。例如在第十災

擊殺長子前夕，吩咐以色列人每一家要宰殺並吃一隻羊羔，將羊羔的血塗在房屋左右的門框和門楣上，晚上不可出門，以免被神誤殺。如此有序地將工作分配執行，以免工作範疇陷入無止盡的延伸。

③ **時間管理**：摩西與以色列人必須如期配合神的行動與旨意，如期整裝出發、行走、跨越紅海，這都需要對時間予以規畫、排程，在成本、時間與風險之間加以調整。

④ **成本管理**：出埃及時，除了婦人、孩子，步行的男丁約有六十萬，還有羊群、牛群等許多牲口，涉及有形與無形的費用規畫、估算，必須確保能在預算內完成專案。

⑤ **品質管理**：摩西除在預定的時間和預算內控制成果，還要確保人員安全順利出埃及，這就是品質管理，否則人數死傷大半，不算成功。

⑥ **人力資源管理**：摩西的好幫手是他的哥哥亞倫，還有以色列各會眾的首領。這是藉由招募適合該專案的人，或隨著專案的進行培育人員的技能，以成功完成任務。

⑦溝通管理：摩西要透過「曉之以義、動之以情」的溝通方式，去說服法老王和以色列會眾。就像在專案管理的過程中，可透過正式和非正式的溝通形式，傳播並儲存整個專案所需的訊息。

⑧風險管理：摩西與法老王談判是風險，可能動輒得咎被處死；神降下十災是風險，可能遭致法老王的憤怒報復；以色列人出埃及是風險，可能遭致法老王的軍馬追趕殺戮；以色列人憑著信心過紅海是風險，可能葬身海底。所以專案風險管理包括：風險規畫、識別、分析、應對和監控的過程，其目標在於考慮周延，有備無患。

（註：基本上我要強調的是：謀事在人，成事在天（Man propose, God dispose）。神的旨意主宰推動這件事情的成就，神也裝備摩西成為一個能力合格的人，因此摩西的積極作為與神搭配才能成就任務工作。）

04 從真實報導中搭一座橋，學習管理與領導的意涵

隨手拈來的真實案例也可作為故事，挖掘故事背後的意涵，可以讓聽者從故事中學習典範與標竿，領略管理與領導的啟示。

二〇一〇年十月十四日，三十三名被活埋在智利北部聖艾斯特班金銅礦場地下六百多公尺的礦工，在經歷破世界紀錄的六十九天幽閉生活後，終於在第七十天陸續重見天日！

這個「智利礦工脫險記」故事的背後也成就了一個偉大的工頭：他的名字叫鄂蘇亞。讓我們先回顧一下整起事件記者報導的故事：

八月五日中午，正在礦坑內吃午餐的礦工們聽到轟然巨響，礦坑坍塌。經過三到四小時，漫天塵埃逐漸平息，大夥跑過去看巨石，經驗老到的鄂蘇亞一看就知道這下有得等了，他說：「許多人認為最多等兩天，我心裡明白，絕不可能這麼快。」

身陷地底六百二十五公尺深，不知此生還能不能再見到太陽，也不知道地面上的人是否會來救他們，礦工恐懼不安。鄂蘇亞跳出來喊話，他告訴大家，若無法團結，為生存而奮鬥，就只能相互爭吵，在分裂中等待死亡。

鄂蘇亞的冷靜鎮定安撫了大家，三十二名礦工就此認定鄂蘇亞是他們的領袖，服從他的指示。

為了生存，眼前要解決的是食物和飲水問題。礦工馬上把方才吃剩的午餐集中，加上避難所的緊急食糧，礦車上的一小壺水，全交由鄂蘇亞分配。

四十八小時，每名礦工只能吃兩小匙罐頭鮪魚，一片口糧，兩口牛奶。雖然食物只有一點點，鄂蘇亞仍規定，必須等到所有人都領到食物，大家一起開動，不准任何人先吃。

嚴格而自制的食物分配使礦工挨過最難熬的前十七天，讓他們撐到八月二十二日，救難人員發現他們還活著。

鄂蘇亞知道，為了活下來，除了等待地面救援，他們還有很多事要做。首先得蒐集資訊，提供救難人員參考。他把礦工分三小組，「一〇五小組」負責巡邏礦坑，勘察地形並注意任何變化；「坡道小組」監測坑內空氣品質和濕度；「避難所小組」負責整理棲身處，分配地面傳來的補給品。

礦工的頭燈、運輸車的動力都很珍貴，鄂蘇亞規定頭燈和車輛使用時間，調派怪手挖通水源，供礦工飲用和盥洗。

他也為礦工排出「功課表」，每天工作八小時，休閒及運動八小時，睡眠八小時。早上八點點燈，晚上十二點熄燈，在坑內規律作息。有事可做，礦工們胡思亂想的時間就少得多。

美國有線電視新聞網（CNN）報導，每次鄂蘇亞和地面透過視訊通話時，都可以見到他的面前擺著一堆文件和資料，顯示鄂蘇亞不停地在蒐集各種資訊，根據地底狀況和地面的救援進度做出研判和決策。

藉著地面送下來的行軍床、枕頭、錄音機、紙牌和書，礦工們把避難所打理成一個暫時的「家」。鄂蘇亞搬來一塊運輸車的引擎蓋當成書桌，憑著他對礦坑的熟悉，在上頭一幅幅地繪出礦坑地形圖，送上地面供救難人員參考。

救援人員打穿岩層找到礦工時，第一個和智利總統品尼拉說話的正是鄂蘇亞。他以領袖的身分，要求總統別讓他們失望：「不要丟下我們」。

礦工團結一致，為了共同目標努力到最後一刻，卻為了升井順序爆發少見的爭吵。每個人搶當最後一個出坑者，想把早點出去的機會讓給同事。

不過沒人搶得贏鄂蘇亞，他像是領著船員在驚濤駭浪中航行的船長；他的英勇表現更是真正的船長，在災難中壓陣，最後一個出坑，是礦工、家屬、智利乃至全球民眾心中的英雄。

他的同事馬奎茲說：「這是他的天性，他是天生的領袖。」

可以從上面的報導故事中，歸納幾項領導者在危機處理過程中的成功特質：

❶**專業知識與直覺**：經驗老到的鄂蘇亞一看就知道這下有得等了。

❷**臨危不亂的關鍵喊話**：跳出來喊話，他告訴大家，若無法團結，為生存而奮鬥，就只能相互爭吵，在分裂中等待死亡。

❸**冷靜沉著的信心態度**：鄂蘇亞的冷靜鎮定安撫了大家。

❹**嚴格而自制的食物分配**：使礦工挨過最難熬的前十七天。

❺**擬定有效計畫**：他把礦工分成三小組，為礦工排出「功課表」，務求作息規律。

❻**決策判斷的周延輔助**：不停蒐集各種資訊，根據地底狀況和地面的救援進度，做出研判和決策。

❼**苦中作樂的創新思維**：把避難所打理成一個暫時的「家」；一幅幅地繪出礦坑地形圖。

❽**目標管理與堅定毅力**：為了共同目標，努力到最後一刻。

05 問題解決的線索——好故事的五個元素

感動人心的「好故事五項元素」：激情、英雄、敵人、覺醒和轉變。

——馬士威（Richard Maxwell）、狄克曼（Robert Dickma）《好故事無往不利》

有一位國王準備與入侵的敵人打仗，因為時間緊迫，他命令馬夫迅速備馬，並為心愛的戰馬釘上蹄鐵。馬夫立刻對鐵匠說：「快給牠釘蹄！」鐵匠埋頭幹活，從一根鐵條上弄下四塊蹄鐵，把它們壓平、彎曲變形、固定在馬蹄上，然後開始釘釘子。

鐵匠釘了三塊蹄鐵後，發現沒有釘子來釘第四塊。

「我需要再一、兩根釘子。」鐵匠說：「我還需要一些時間來完成。」

「我等不及了。」馬夫說：「我們就要集合出征，集合號響起了，你快點想辦法湊合一下。」

「我能夠把第四塊蹄鐵稍微固定。」鐵匠說：「但不能保證牢靠。」

「好吧，這樣也行。」馬夫說：「總之你快一點，否則國王怪罪下來，我們兩個擔待不起。」

兩軍開始交鋒後，國王一鼓作氣，衝鋒陷陣，眼看敵軍節節敗退，國王乘勝追擊。就在此時，國王騎的馬突然跌翻倒地，原來第四塊蹄鐵脫落了，國王也摔倒在地。驚恐的馬立刻掙脫韁繩逃跑，留下一臉錯愕的國王在地上，敵人軍隊立刻包圍上來，活捉了國王。

國王憤怒地喊道：「一匹馬、一塊蹄鐵，我的國家就葬送在一塊蹄鐵上。」

後人紛紛傳說：

少了一根鐵釘，丟了一塊蹄鐵；丟了一塊蹄鐵，跑了一匹戰馬；

跑了一匹戰馬，死了一個國王；死了一個國王，敗了一場戰役；

敗了一場戰役，毀了一個國家。所有的損失都是因為：少了一根鐵釘。

據說這個故事是英國流傳的一段民謠，起源於一場將決定由誰來統治英國的戰役。

一四八五年，國王理查三世親自率軍，準備與里士滿伯爵亨利決一死戰。戰鬥開始前，理查命令馬夫裝備好心愛的戰馬。但鐵匠在幫戰馬釘蹄鐵時，因為缺了幾根釘子，所以有一塊蹄鐵沒有釘牢。

開戰後，理查國王身先士卒，衝鋒陷陣。「衝啊，衝啊！」他高喊著，率軍衝向敵陣。眼看理查國王的隊伍將要獲勝，突然，國王的坐騎掉了一塊蹄鐵，戰馬跌翻在地，士兵見國王落馬，紛紛轉身撤退。敵軍見狀圍了上來，就這樣俘虜了理查國王。

一根鐵釘都不能少的故事，代表對於「品質」的重視。品質是企業與組織績效的衡量，也可泛指一般商品或服務的水準。日前黑心塑化劑、食品原料的弊案，就是罔顧人命、不重視品質的危害教訓。

此外，擁有二百三十二年歷史的英國霸菱銀行，與一百五十八年歷史的美國雷曼兄弟集團，掀起金融海嘯的滔天巨浪，落得一夕垮台，也是因為忽略內部稽核控管與道德操守的品質問題。

故事，潛移默化地傳遞著惕勵與教化人心的警世功能。

美國好萊塢的著名編劇與導演馬士威與狄克曼，在《好故事無往不利》中提出說故事的五個基本要素：

❶ **激情**：要熱血，感動自己才能說服他人。點燃激情，讓他人知道為什麼你要講這故事。

Richard Maxwell & Robert Dickman
--- The elements of Persuasion

②英雄：英雄永遠讓人驚奇。以英雄串連故事，以故事打造信任。

③敵人：敵人幫助故事的流動與彈性。敵人與英雄的互動，才能釋放故事蘊含的情感。

④覺醒：以「覺醒」召喚口碑，讓別人替你說故事。

⑤轉變：提煉出故事過程中的經驗，創造「轉變」就能激發行動，實踐美好人生。

此外，他們強調在說故事中強化聽眾記憶的五件事：

- 情感對記憶很重要，記憶是多數成交決定的基礎。
- 記憶是整體的，因此要注意說話的聲音與表情。
- 透過不斷重複的方式，產生情感的記憶。
- 視覺要素與口語重複效力宏大。
- 營造情境，鋪陳聽眾習慣走過的心靈路徑。

☑故事管理工具：說一個好故事

運用以下表單，找出你故事的五項基本要素。	
激情	
英雄	
敵人	
覺醒	
轉變	

06 英雄與敵人：克服障礙的救世主vs.人性軟弱的表徵

自古以來，英雄的故事屢見不鮮，但是英雄或是敵人卻是取決於個人心中的定見與成見。

《三國演義》裡面有一段「青梅煮酒論英雄」：

劉備歸附曹操後，每日在許昌的府邸裡種菜以韜光養晦。一日，曹操以青梅綻放為理由，煮酒邀劉備宴飲，議論天下英雄。席間曹操先指了指劉備，後指了下自己，說：「當今天下英雄，唯使君與操耳！」

當時天雨將至，雷聲大作。劉備故意裝作受了驚嚇的樣子，筷子掉到地上：「一震之威，乃至於此。」

曹操笑著說：「丈夫亦畏雷乎？」

劉備說：「聖人迅雷風烈必變，安得不畏？」將內心的驚惶，巧妙地掩飾過去。英雄也懂得好漢不吃眼前虧，識時務為俊傑。

英雄往往能以小搏大，以弱勝強。史上最著名的「小蝦米對抗大鯨魚」，就數以色列牧羊少年大衛與大巨人歌利亞的故事：

大衛不過是以色列伯利恆的少年，在曠野中為父親放羊，但卻非常勇敢。有一次，當大衛在牧羊時野獸來攻擊他的羊群，他獨自就打死了野獸，救了羊群。大衛還有音樂的才華，他不但會唱歌，還會彈奏優美的豎琴，這些音樂陪伴他度過了漫長而孤獨的牧羊歲月。

當時以色列的國王名叫掃羅，他因為擔心自己的王位會被取代，因此苦悶不堪，寢食難安。掃羅身邊的大臣得知伯利恆的少年大衛善於彈琴，就派使者帶著一隻羔羊和一袋美酒將這位小琴師請入宮中。每當國王掃羅心情煩躁時，大衛彈奏的優美樂曲，總能使掃羅的心情舒緩，得到平靜。

西元前一〇二五年，一群野蠻的非利士人前來攻擊平靜的以色列國，他們召集了大軍，駐紮在東邊的山頭和以色列大軍對壘。

這一次非利士人派出一名巨人，名叫歌利亞。他身高約有三公尺，頭戴銅盔，身穿鎧甲，冑甲重約五十多公斤，腿上有銅護膝，手持大鐵槍凶猛揮舞著，槍頭重達八公斤，槍桿粗如織布的機軸。

歌利亞對著以色列軍隊大聲叫陣說：「掃羅，你的國不是很強大嗎？在你國中揀選一人，出來與我決一死戰。將我殺死，我們非利士人就做你們的僕人，我若勝了那人，將他殺死，你們就做我的僕人，服侍我們。」

巨人歌利亞每天早晚都在兩軍陣地之間叫戰，這樣日復一日，幾個星期過去，以色列人深感恐懼，始終沒有人敢出來與歌利亞對陣。此刻，以色列人都感到極為羞愧，希望有人能出來承擔責任，讓他們擺脫這種屈辱的窘境。

歌利亞連續罵陣四十天，以色列人心裡害怕，不敢迎戰，軍中糧草所剩無幾，百姓人心惶惶，軍心動搖。掃羅向全國發布通告許下重賞：誰能將歌利亞殺死，重金獎賞，王的女兒給他為妻，並免他父家三年納糧和當差。

有一天，大衛正好奉父親的吩咐，送大麥餅給出征前線的三個哥哥。他來到前線，自告奮勇願與歌利亞一戰。掃羅一看大衛，認為他年紀太輕，根本就不是身經百戰、所向無敵的歌利亞對手。

大衛說：「我在曠野中為父親放羊，有時獅子或熊跑來吃我的羊羔，我就追趕牠，擊打牠，將羊羔從獅子或熊口中救出來。更何況我有上帝與我同在，還怕什麼？上帝必會幫助我戰勝歌利亞。」

掃羅就祝福他說：「你可以去！願耶和華與你同在。」

大衛上場後，躲過歌利亞的長矛，從袋中取出一塊石子，以機弦甩石，在頭頂甩了幾圈，打向歌利亞，石子被甩進入歌利亞的前額內，巨人應聲倒下，撲地死去。

誰也沒料到，大衛甩出的石子會不偏不倚地打中歌利亞的額頭，誰也想不到那巨大的歌利亞就這樣被大衛打中要害，當場倒在地上斷了氣。非利士人見歌利亞被大衛殺死，以色列士兵趁機殺了過來，大家亂成一團，扔下旗幟、戰鼓便慌忙逃跑了。

小牧童大衛靠著耶和華的大能與信心，勇敢赴戰場，依靠機弦甩石，擊殺令以色列眾人驚怕的歌利亞，唱出了得勝的凱歌，一夜之間成了全國傳頌的英雄。從那以後，大衛更加依靠敬畏神，神也賜福於他，時時刻刻與他同在。大衛長大後，就當了以色列的國王。

故事中的高潮迭起，往往在於英雄與敵人的對抗。英雄永遠不缺乏拯救世人的驚奇能力，英雄是克服障礙與敵人的救世主。敵人是人性沉淪的表徵，可以是外在的實體角色，也可能是自己心中既定的思維與成見。英雄打敗敵人，讓世界更美好。

◀ 第五章

說出文創軟實力

每個商品、每個建築都有自己寫故事的方式。
每個城市、每個國家都有自己說故事的方式。
在文創世紀裡，「讓世界看見台灣！」

01 故事刺激五感，發揮文創的力量

「說故事」勾動一個人深存在腦海裡對過去的經驗和未來的期待，雋永且一致，未來更是屬於「說故事產業」的世紀。從創意文化、數位內容、設計、觀光到生活產業，沒有一個不靠「說故事」賺錢。

據統計，美國每年有超過三兆美元產值的生意和「如何說動顧客」有關，這是個十足的「說服力經濟」時代。

二〇〇六年，魏德聖為了《海角七號》的劇情需要，商請南投縣信義鄉農會研發一種「有點俗、有點可愛，且具有在地感」的酒品，於是該單位以一個月的時間進行研發，推出名為「馬拉桑」的小米酒品牌。

「馬拉桑」在阿美族語裡的意思是「喝醉了」。這項產品由南投縣信義鄉農會所研發、生產，其廣告標語為「千年傳統，全新感受」，在前述電影上映後推出為實體商品，持續販賣至今。靠著該電影的一砲而紅，該項商品也賣到缺貨。

Apple電腦在一九八四年推出的一支爆紅廣告「*Apple 1984*」，也是透過說故事的方式。影片中，一群人民坐在台下，聆聽專制領導者透過螢幕視訊，散播近乎洗腦般的言論思想（暗指IBM電腦系統即是高度專制統治者）。這時一位身穿Macintosh服裝的女郎闖入會場，快速奔跑著，手拿一把大鐵鎚，奮力一擲，打破畫面，表示不願再受到箝制。頓時台下那一群人個個目瞪口呆，不可思議地彷彿覺醒一般。此廣告在美國超級盃播放六十秒，播放後造成產品銷售熱賣。

「馬拉桑」的小米酒讓我們彷彿聞到陣陣酒香；Apple那一把大鐵鎚，奮力一擲的情境，讓我們彷彿有被砸到的觸痛。故事刺激了人們的五感：視、聽、觸、嗅、味覺。

日本作家高橋朗在著作《五感行銷》中，提到說故事跟賣商品之間的關係：「好故事有強烈的訴求力，刺激你所有的感官。把使用商品的情境變成故事情節，腦海中就會浮現故事的場景，就可以想像聽到的聲音，甚至聞到空氣中的香氣，嘗到媽媽的味道。」

全球化讓軟實力與硬實力變得同等重要。國際之間除了以軍事和經濟來威脅利誘，更要藉文化價值來吸引或同化他國；企業組織除了以商品和服務來贏得市占率，更要藉著組織文化與價值觀來爭取顧客認同。

故事，扮演最能輕易啟動的軟實力。故事背後的隱喻能透過感性情懷，達到理性說服。

故事刺激五感，發揮文創的力量

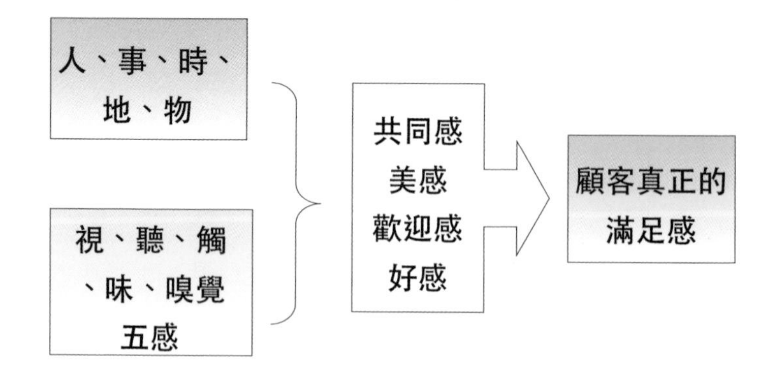

在文創產業中融入感官、情感、故事等行銷元素

☑故事管理工具：找出故事中的五感力量

視覺	
聽覺	
觸覺	
味覺	
嗅覺	

02 童話帶我們進入奇幻的魔法森林

神奇瑰麗而富有想像色彩的童話故事，跨越了時間與空間的限制，展現在現實生活的世界中，滿足了兒童的幻想需求及遊戲心理。

小時候我看過許多童話故事，其中印象最深刻的的是：《格林童話》和安徒生童話。安徒生有許多膾炙人口的作品，包括《勇敢的小錫兵》、《小美人魚》、《拇指姑娘》、《賣火柴的小女孩》、《醜小鴨》等。但我最喜歡的兩篇是〈五顆豌豆〉、〈老爹做的事總是對的〉。以下就先分享這兩則故事：

故事1》五顆豌豆

在一個豆莢裡，長著五顆豌豆。豆子是綠色的，豆莢也是綠色的，豌豆們因此以為全世界都是綠色的。

豆莢愈來愈大，豌豆也跟著長大了，它們一直很守規矩地待在豆莢裡，整齊地排成一行。

但是，長大後的豌豆蠢蠢欲動，想要有一番作為。

有一天，一個小男孩在陽光下看見這個豆莢，就撿起它們，把五顆豌豆放在空氣槍裡當作子彈。

第一顆豌豆被裝進槍管裡，「砰」的一聲射出後，歡呼地說：「哇！我馬上要到廣大的世界去了，看你們誰能跟得上我？」第一顆豌豆說著，就消失得無影無蹤了。

小男孩問第二顆豌豆說：「你要去哪裡？」

豌豆說：「我要飛向太陽去。」於是第二顆豌豆邊叫著邊飛走了。

第三顆、第四顆豌豆怕被射出去，竟悄悄地從豆莢裡溜走了。

小男孩拿出第五顆豌豆問：「你想要到哪裡去啊？」

豌豆說：「我想要飛到能為別人帶來快樂的地方去。」

小男孩說：「只有你最關心別人。」

小男孩一扣扳機，於是第五顆豌豆就落到一個窗台的花盆上。那是一戶窮人家，一位媽媽帶著一位生病一年多的女兒。小女孩看起來身體虛弱且十分可憐。

這天，當媽媽獨自去工作時，孤獨的小女孩躺在床上，發現花盆裡長出一棵小嫩芽。當太陽照進來，伴著微風，小嫩芽舒展自己的葉子，彷彿在跳舞，也彷彿在告訴小女孩說妳的病會好起來的。

晚上媽媽回來，小女孩說：「媽媽，今天我發現花盆裡長出了一棵小嫩芽。」

媽媽一看是一棵豌豆苗，順便問小女孩說：「今天感覺好些了嗎？」

小女孩說：「今天太陽照在我身上，溫暖又舒服。小嫩芽說我一定會好起來的。」

媽媽高興地說：「但願我的女兒能像這棵豌豆苗，快樂地成長。」於是媽媽就拿一根小竹竿支撐著，又拿一根線纏繞著它，讓它可以向上生長。

從此，小女孩每天陪著豌豆苗說話，和它唱歌，豌豆苗一天一天長大，小女孩的病也一天一天地好起來。

終於，有一天豌豆苗開花了！粉紅色的花瓣鮮豔美麗極了。小女孩臉上泛著健康的笑容，快樂地親吻它。

媽媽高興地說：「非常感謝你啊，你就是上帝派來的美麗天使——豌豆花，幫助我女兒戰勝了病魔，恢復了健康。」

有一天，玩氣槍的小男孩經過女孩家的窗台前，豌豆苗輕輕地搖了搖枝條，快樂地對小男孩說：「瞧，我終於實現自己的諾言了，我是最幸福的豌豆花。」

兒童心理學家布魯諾．貝托罕姆（Bruno Bettelheim）認為：「在童話中，人類內在的活動過程都予以表面化，假借故事中的角色與事故，呈現在讀者面前，可見而可解。所以兒童透過聽故事的過程中，發現自己並非最可憐的，因為故事中的人物也和他們一樣，遭遇著類似或相同的問題。」

故事2》老爹做的事總是對的

在一個農莊裡，有一對老農夫和農婦，他們除了一匹馬，也沒什麼值錢的東西，但是兩人總能在生活中自得其樂。農婦妻子總是親暱地稱呼他「老爹」，農夫總是親暱地稱呼她「老媽」。

有一天城裡正好有市集，妻子說：「老爹，騎上馬去吧，把馬賣掉或換點什麼東西回來。你做的事情總是對的。騎上馬趕集去吧！」

於是她替老爹繫好圍裙，在他溫暖的嘴唇上親了親，他便騎著馬上路了。趕集的人多極了，老爹看到有一個人趕著一頭母牛，母牛看起來很健康，於是老爹就用自己的馬跟牽牛的人交換了。

過了不久，他碰到了一個牽著羊的人，那隻羊很不錯，毛色很好。老爹用自己的母牛跟牽羊的人交換了。接二連三地，老爹又換了一隻鵝，又用鵝換了一隻禿尾巴雞，最後換到了滿滿一袋的爛蘋果。因為老爹每次交換都覺得物超所值，相當划算，所以十分心滿意足。

這時老爹覺得天氣很熱，於是走進了小酒店，一直走到賣酒的櫃台前。櫃台邊有兩個英國人，他們非常有錢，口袋裡有滿滿的金幣。老爹從如何把那匹馬換成牛，一直換到這袋爛蘋果，經過的一切事都告訴了他們。

「是嘛！等你回到家，你會挨揍的。」兩個英國人說。

「我會得到親吻，而不是挨揍。」農夫說，「我老婆會說，老爹做的事總是對的！」

於是他們打賭，賭注是英國人「滿滿的一桶金幣」。

當妻子看到老爹進門，就給他一個熱烈的擁抱，摟住了他的腰，稱讚他：「你真行！」老爹說：「我用馬換了一頭母牛。」

「真是多謝上帝，這下子我們有牛奶吃了。」妻子說，「還可以做奶油、乾酪，換得太好了！」

「是的，不過我又用母牛換了一隻羊。」老爹說。

「這就更好了。」妻子說，「你總是考慮得很周到，我們的草足夠一頭羊吃的。這下子我們可以喝羊奶，有羊乳酪，有羊毛襪子，是啊，還有羊毛睡衣。你真是一個考慮周到的丈夫。」

「不過我又拿羊換了一頭鵝。」老爹說。

「這麼說我們今年有烤鵝吃了，老爹！你總是想著讓我高興。這真是個好想法。可以把鵝拴起來，到了節慶的時候，就可以把牠養得更加肥一點。」

「不過我把鵝又換了一隻母雞。」老爹說。

「母雞換得太好了，」妻子說，「母雞會下蛋，孵出來便有小雞了，我們就能有座雞場。這正是我一心一意盼著的。」

「是的，不過我又把母雞換成一袋爛蘋果了。」老爹又說。

「我真要吻你一下了，」妻子說，「多謝你，我的好男人！隔壁鄰居笑我們園子裡什麼也沒有長，連個爛蘋果也沒有！現在可好了，我可以借給她十個爛蘋果，是啊，借給她滿滿一口袋！真叫人好笑，老爹！」於是她便正正地在他嘴上親了一下。

「我真喜歡這個畫面。」兩位英國人說，「雖然總是走下坡路，卻總是那麼樂觀。這是很值錢的。」於是他們付給這位得到一個吻、而不是挨一頓揍的農夫，滿滿的一桶金幣。

故事中的老爹，讓我想起荷蘭畫家梵谷（Vincent Willem van Gogh）。前幾年梵谷的畫來台展出時，我去看了。偶然瞥見一句最令我怦然心動的話：**「在靈魂一角可能有著一座燃燒著熾熱火焰的火爐，然而無人前來取暖。過客只瞥見煙囪的一抹輕煙，又匆匆繼續他們的旅程。」**我一直覺得梵谷保有赤子之心，或許就是這份未泯童心，讓他的畫牽動人們靈魂的深處。

故事中的老爹保有赤子之心，雖然執著活在自己的世界中，但總是正向思考，樂觀面對生活中發生的一切事件。當然幸虧還有一個懂得欣賞他的老伴，就像動畫電影中的史瑞克欣賞費歐娜公主一般——情人眼中出西施。

故事管理工具：找出故事中的情緒字眼

〈五顆豌豆〉故事中的「情緒字眼」如：
蠢蠢欲動、歡呼地說、悄悄地、溫暖又舒服、高興地、歡欣快樂、笑容、快樂地、最幸福的。
試著找出你故事中喜、怒、哀、樂、愛、恨、欲的「情緒字眼」。

03 多樣化的軼文趣事

故事中的軼文趣事或以詩詞歌賦，或以尋章摘句呈現，更顯故事的意境深遠。故事讓故事主角原本理性昂然的角色，增添幾許高感性、高關懷的人格特質。

公元一三六三年鄱陽湖大戰後，朱元璋以少勝多，擊敗陳友諒百萬大軍。據說第二天朱元璋微服私訪一寺院，寺廟和尚看其煞氣很重，便想解其煞氣，打問其姓名。朱元璋以詩代答，遂在寺壁上題了一首詩：

殺盡江南百萬兵，
腰間寶劍血猶腥，
山僧不識英雄主，
何必嘵嘵問姓名！（嘵，音ㄒㄧㄠ，嘵嘵，不服氣而爭辯的樣子。）

意思是：「你這山林中的和尚，既然連我這大英雄都不認得，何必囉嗦追問我的姓名呢！」其自負野心由此可見。

此時的朱元璋打敗陳友諒之後，已經有一統天下的雄心壯志，詩句之中自然透露出王者之氣。朱元璋離開了寺院後，住持和尚怕惹來殺身之禍，趕緊把那首狂傲的詩洗刷乾淨。

後來朱元璋得勢後，發現之前在寺壁上題的那首詩竟然已經被塗掉，心中甚為不悅，立即傳喚寺院住持興師問罪。幸而，機警而頗負文采的住持從容妙答：

御筆題詩不敢留，
留時常恐鬼神愁，
故將清水輕輕洗，
猶有豪光射斗牛。

朱元璋一聽此奉承的話哈哈大笑，高興地放住持無罪歸去。

另有一傳聞，據說有一次朱元璋去釣魚，魚兒老是不上鉤，反觀在旁陪釣的人卻釣上一條大魚，令朱元璋更是怒氣沖沖。這時翰林大學士解縉趕忙近前賦詩一首：「數尺絲綸落水中，金鉤拋去永無蹤；凡魚不敢朝天子，萬歲君王只釣龍。」短短數語化解尷尬窘境，說得朱元璋心花怒放。

故事中的人物形象大多性格鮮明，有助於強化故事的張力。譬如殺氣騰騰、頤指氣使的英雄人物朱元璋，搔到他人性的軟弱處，竟然也有純樸可愛的一面。讓人不只看到英雄人物的智慧、度量、勇氣，也不乏激情、軟弱、猶豫，如此才顯得個個角色活靈活現，愛恨分明，有血有肉。

就像英國最傑出的戲劇家莎士比亞，他的故事結構融合了矛盾因子，人物都有性格鮮明的形象。譬如哈姆雷特王子復仇的憂鬱與猶豫、李爾王的意氣用事與幡然悔悟、奧賽羅（威尼斯大軍的統帥）因嫉妒而失控殺妻、馬克白（蘇格蘭將軍）輕信謠言而權欲薰心等。

04 歷史故事借古喻今，鑑往知來

歷史故事除了讓人緬懷當時的場景，更可借古諷今，借物喻人，借景譬事。歷史故事能搔到人性的軟弱處，讓聽者陷入深深的思考。

在青商會的一次演講中，台下聽眾問到什麼是「同理心」？我便說了一個「摘帽拔纓」的故事：

春秋時代的楚莊王，有次打了勝仗，十分高興，便在宮中大宴賓客與群臣，並叫自己寵愛的妃子許姬，輪流替群臣斟酒助興。此時突然一陣大風吹來，將蠟燭吹滅，黑暗中有人扯住許姬的衣袖想要輕薄她。於是許姬順手拔下那人的帽纓，立刻挨近楚莊王身邊說：「大王，有人想趁黑暗調戲我，我已拔下了他的帽纓，請大王快吩咐點燈，看誰沒有帽纓就把他抓起來處置。」

楚莊王對她說：「今晚酒酣耳熱，我希望大家賓主盡歡，酒後難免失態。」於是楚莊王轉而告訴眾人，要大家扯下自己的帽纓，如此才能同飲盡歡。待大家都扯下自己的帽纓後，才命令重新點燃蠟燭。群臣在一片歡笑聲中痛快暢飲，果然是賓主盡歡。

三年後，一次晉楚交戰，楚莊王在戰場上看到一位將官出死入生、英勇過人，兵士也在他奮勇殺敵的感召下，士氣激昂，終獲大勝。回到宮中，楚莊王召他入庭，便問：「寡人平時並未特別恩待你，為何你在戰場上卻表現出異於常人的氣概？」

那位將官說：「三年前的宮中晚宴，臣酒後失態，欲輕薄許姬，卻被許姬拔下帽纓，羞愧難當，本罪該萬死，但大王設身處地為臣著想，化解臣的窘境。因此，臣亟思在戰場上能圖恩報答，萬死不辭啊！」

故事說到這裡，我問台下學員：「你們聽到了什麼？」

有位學員回答，楚莊王能夠「設身處地」為那位大臣著想，大臣才願意剖心掏肺，拚死回報，這就是同理心的表現。

「同理心」是指能夠將心比心、設身處地瞭解他人的想法與感受。英國的諺語把同理心比喻為「穿別人的鞋子，走一英哩的路」，實在滿貼切的。因為只有穿進他人鞋內，你才能體會他人的處境。

這個故事讓我聯想到日前塑化劑、劇毒農藥、毒澱粉等黑心食品問題，就是極度缺乏將心比心的「同理心」。更甚者，國內部分傳播媒體「見縫插針、遇洞灌水」，在二〇一三年五月二十日馬總統就職日，拍了馬總統開會打瞌睡的照片，還大加揶揄奚落一番。殊不知馬總統就任五年多來幾乎沒有休過假，相對於美國歐巴馬總統五年休了一百多天假，花了近六億台幣，台灣的部分傳播媒體會不會太苛責我們的總統呢？

下次，請那些傳播媒體或部分名嘴也運用一下「同理心」，思考一個問題：你們除了批評還懂得讚美肯定嗎？你們會做得比你們批評的人更好嗎？

05 歷史故事思接千載，成語故事畫龍點睛

歷史故事可以思接千載，視通萬里，可以洞悉在時代演變過程中淬鍊的永恆智慧與深層價值。成語故事則是透過固定短語，蘊含歷史故事及哲學意義，更是中華文化的瑰寶。兩者皆是引人入勝、啟迪智慧的絕佳故事源。

某次我在講授「成功人士的七個習慣」課題時，開場就用了「陶侃搬磚」的歷史故事：

陶侃是東晉名臣，立有戰功，曾任荊州刺史。但在朝廷因他人妒忌，而遭說壞話陷害，被降職調往偏僻的廣州地區。陶侃在廣州閒來無事可做，但他並沒有放縱自己貪圖安逸享受，而是每天早晨把一百塊磚從書房裡搬到房外，到了晚上，再把磚搬回屋內。人們很奇怪問他原因，陶侃回答說：「我致力於收

復中原，如果過於安逸閒散，致使意志消沉，恐怕將來不能成就大事。」

陶侃後來回到荊州，在荊州儘管公務繁忙，仍然堅持搬磚，以此磨練意志。陶侃後來被擢升為征西大將軍兼荊州刺史，都督八州軍事，聲名顯赫。

「陶侃搬磚」這個故事，從小在我腦海中就一直印象深刻。陶侃忍辱負重、不圖安逸、意志堅韌的背後，有一個「習慣」的支撐。藉由這個故事，可以引伸出「習慣」的三要素：知識（what、why）、技巧（how）及意願（will），可以強化聽者的吸收。

透過故事再引出學者的詮釋，顯得更有價值。如哲學家亞里斯多德說：「卓越是經由訓練及漸漸習慣而來的，我們不是因為具備美德而舉止得宜，反而是因為舉止合宜而具備美德。只有自己切身體驗才能發現，原來，卓越不是一種作為，而是習慣。」

另一次我在講授「顧客導向的銷售管理」課題時，用了「鷸蚌相爭」的成語故事：

河畔有一隻河蚌，伸伸懶腰，正張開蚌殼準備曬太陽。這時忽然飛來一隻鷸鳥（嘴巴尖尖長長的），看到河蚌鮮美多汁的蚌肉，心想好一頓豐盛的午餐，因此想啄食牠的肉。河蚌也非省油的燈，馬上將蚌殼合上，就把鷸嘴箝住了。

兩者相持不下，河蚌揣思：「你想占我便宜。我今天不把蚌殼張開，明天也不把蚌殼張開，我將看到沙灘上有一隻死鷸。」

鷸鳥也心想：「要是今天不下雨，明天不下雨，我將看到沙灘上有一隻死蚌。」

就在雙方在相持不下之際，有個漁翁經過，將牠倆一網成擒了。

「鷸蚌相爭」的故事可以隱喻為「溝通障礙」——只顧自己的利益和立場，一股腦兒灌輸自己的想法給對方，卻不管他人的想法和立場，最後結果是彼此沒有交集。

如果我們把常見的銷售行為，比做一種溝通的過程，那麼買方與賣方，就像鷸蚌相爭的過程：業務人員就好比那隻鷸鳥，客戶就好比那隻河蚌。業務人員不能只考慮到自己立場與利益，專注於推廣自家產品，攻擊競爭對手產品，急於想要取得客戶的訂單（鮮美多汁的蚌肉），卻沒有思考如何站在顧客的利益與立場。否則顧客就會像那隻河蚌一樣，因為感受不到業務人員站在自己的需求面思考，產生反感和壓力，抱持懷疑不信任的態度。結果可想而知：雙方相持不下，無法營造有意義的對話，也無法達成銷售。

這就是運用故事發揮的隱喻效果。

06 寓意深遠的寓言故事

「寓言」是運用假借外物的技巧，作為立論的依據，藉以傳達意念。寓言故事含有諷喻和教育意義，其表達方式或借古喻今，或借物喻人，或借小喻大，或借此喻彼，皆透過具體淺顯的故事，寄寓深奧的道理。

中國古代的寓言多以濃縮短語，如成語形式，表露智慧珠璣。茲例舉幾則耳熟能詳的成語：

1. **愚公移山**：不畏旁人非議的眼光與批評，擁有堅忍決心與毅力。
2. **守株待兔**：妄想不勞而獲，或固執不知變通。語出《韓非子・五蠹》。
3. **井底之蛙**：譏笑孤陋寡聞，見識淺薄的人。語出《莊子・秋水》。

④**鷸蚌相爭，漁翁得利**：比喻兩者爭執不下，卻由第三者乘機而入，從中獲利。語出《戰國策．燕策》。

⑤**庖丁解牛**：故事藉由庖丁神乎其技的解牛之道，闡釋游刃有餘的養生處世之道——一切順其自然，不力爭強求。語出《莊子．養生主》。

⑥**揠苗助長**：急於事功而方法不得當，反而壞事。語出《孟子．公孫丑》。

下面說一則「夸父追日」的寓言故事：

傳說遠古時候，「地之子」巨人夸父是一位英雄。但他不自量力追趕太陽，日以繼夜與太陽奔跑。火紅太陽曬得夸父口乾舌燥，他一口氣喝乾了黃河水，飲遍了渭河底，還覺得口渴難忍，於是打算到北方的大湖澤去喝水。怎知夸父還沒走到北方，就渴死在半路上了。快要嚥氣的時候他放下自己心愛的手杖，用他的血肉浸潤它，後來就變成一片茂密的桃樹林。

一般多以「夸父追日」代表一個人不自量力地追尋一個終生的目標，但我卻喜歡將「夸父追日」解讀為：遍嘗跌撞後，享受追日迎風的恣意。我彷彿看見，在這股充滿傻勁、不自量力的背後，有一份堅毅的執著，那份執著將會幻化成留予後人無限憑弔的夢想故事。

多少偉大的說故事人就像「夸父追日」，堅毅執著、奮不顧身，不斷地訴說生命昂揚的故事，直到生命的盡頭。每當後人凝睇那一片茂密的桃樹林，會不會想到有一個充滿傻勁的夸父呢？

類比練習

練習一：不安現象的類比

大野狼侵入三隻小豬不牢靠的房舍，搖搖欲墜的老舊危樓，土石流危害的鬆軟山坡地，缺乏牢固鋼纜的電梯，颱風天把持不住的小雨傘，缺乏安全氣囊與 GPS 導航的車子……

練習二：帶來光明希望的類比

有計畫的栽種樹苗（定期灌溉與施肥）、茫茫大海中的燈塔、高爾夫球場上果嶺上的旗竿、肥沃土地的預期農作物豐收、構建資產的穩健金字塔、大雨時的避風港、穩健城堡與護城河……

07 從寓言故事看人性的掙扎與貪婪

寓言故事是富有教訓意味的想像題材，利用簡潔有趣的故事，暗示或譬喻一個教訓或哲理。寓言故事寫盡人性的光明與貪婪，在人性的光明中讓人奮勇昂揚，在人性的貪婪裡讓人借鏡警惕。

高二時期我選擇了與我興趣相悖的理工組，只有在心煩意亂、課餘閒暇時，才能擁抱熱愛的文學與詩詞。鄰座的洪姓同學卻在那一年的暑假，開始狂熱地閱讀文學名著。他興奮地告訴我，舉凡《戰爭與和平》、《安娜・卡列尼娜》、《紅樓夢》、《水滸傳》、《三國演義》、《簡愛》、《罪與罰》、《湯姆歷險記》、《老人與海》等，他都看得津津有味。我心想，如果教科書能像故事書一樣有多好。

長大後我曾看過《戰爭與和平》、《安娜・卡列尼娜》這兩部電影，原著是由俄國大文豪托爾斯泰所寫的。托爾斯泰的創作，真實反映了俄國社會生活，後世學者哈洛・卜倫甚至稱之為「從文藝復興以來，唯一能挑戰荷馬、但丁與莎士比亞的偉大作家」。

托爾斯泰寫了一本寓言故事集《呆子伊凡》，書中有個故事〈魔鬼與農夫〉是這樣寫的：

有個老魔鬼看到人類生活得太幸福了，他跟小魔鬼說：「你們去擾亂一下，讓他們知道魔鬼的厲害。」

第一個小魔鬼看到一個貧窮卻快樂知足的農夫，於是小魔鬼把農夫的田地變得很硬，想讓農夫知難而退。但那農夫加倍努力辛勤地工作，繼續敲打田地，竟然沒有一點抱怨。小魔鬼計策失敗，敗興而歸。

第二個小魔鬼偷走了農夫午餐的麵包跟水，沒想到農夫非但沒有暴跳如雷，反而自言自語：「如果這些東西能讓比我更需要的人得溫飽的話，那就好了。」小魔鬼又失敗了，只能棄甲而逃。

第三個小魔鬼自信滿滿地對老魔鬼講：「我有辦法，一定能把他變壞。」

小魔鬼先去跟農夫做朋友，他告訴農夫明年會有乾旱，教農夫把稻種在濕地上，趨吉避凶。結果第二年只有農夫的收成滿坑滿谷。他又教農夫把米拿去釀酒販賣，賺取更多的錢。如此三年下來，這農夫變得非常富有。慢慢的，農夫開始怠惰不工作了。這時小魔鬼就告訴老魔鬼說：「您看，這農夫現在已經有豬的血液了。我現在要展現我的成果。」

有一天，農夫辦了個晚宴，吃喝享受美酒佳餚，還有好多僕人侍候。大家吃喝得衣裳零亂，醉得不省人事，變得好像豬一樣癡肥愚蠢。

小魔鬼又對老魔鬼說：「您還會看到他身上有著狼的血液。」這時，一個僕人端著葡萄酒出來，不小心跌了一跤。農夫開始怒罵他：「你做事這麼不小心，不准你們吃飯。」

老魔鬼見了，高興地對小魔鬼說：「哇！你太了不起！你是怎麼辦到的？」

小魔鬼說：「我只不過是讓他擁有比他需要的更多而已，這樣就可以引發他人性中的貪婪。」

故事寓意深遠，寫出人性在誘惑下軟弱的一面。《新約聖經・彼得前書・五章・八節》：「務要謹守，警醒。因為你們的仇敵魔鬼，如同吼叫的獅子，遍地遊行，尋找可吞吃的人。」世界雖然在魔鬼的權勢下邪惡可怕，但是人的靈性在神的愛與光保護下，終將戰勝魔鬼。

08 詩詞歌賦，增添故事浪漫情懷

古希臘詩人西蒙尼德斯曾說：「詩歌是會說話的圖畫。」優美的古典詩詞，在傳播的過程中會產生意境高遠的影響，古典詩詞中更隱含了許多故事背景，讀之、誦之，便令人飽覽秋月春風、邊塞風情、遊俠豪客、世家興衰，憑弔繁華與蒼涼。

我從高中時期開始閱讀詩詞，總喜歡詩詞中那些吟風頌月或邊塞風情的高遠意境，像辛棄疾的〈醜奴兒〉：「少年不識愁滋味，愛上層樓，愛上層樓，為賦新詞強說愁。而今識盡愁滋味，欲說還休，欲說還休，卻道天涼好個秋。」

還有明代詩人張潮形容美人的樣貌，更是我撰寫情書的極佳詞彙：「所謂美人者，以花為貌，以鳥為聲，以月為神，以柳為態，以玉為骨，以冰雪為膚，以秋水為姿，以詩詞為心。」這些說的都是美女的天然麗質。

近年來中國大陸領導人對外交流出訪頻繁，引經據典，尋章摘句，更能增進情誼，平添佳話。二〇〇一年四月十三日，當時中國國家主席江澤民在會見古巴國務委員會主席卡斯楚時，改寫了唐朝詩人李白〈早發白帝城〉的詩句：

朝辭華夏彩雲間，萬里南美十日還；
隔岸風聲狂帶雨，青松傲骨定如山。

二〇一三年三月下旬，中國國家主席習近平出訪俄羅斯時也引經據典，以言簡意賅的詩詞「長風破浪會有時，直掛雲帆濟滄海」，為外交活動增添文化色彩。意思是：總有一天，我會乘著長風破萬里巨浪，以展自己的志向；高掛雲帆，直渡茫茫大海，達到理想的彼岸。

這首詩也是出自唐朝李白，其詩〈行路難〉曰：

金樽清酒斗十千，玉盤珍饈直萬錢。
停杯投箸不能食，拔劍四顧心茫然。
欲渡黃河冰塞川，將登太行雪滿山。
閒來垂釣碧溪上，忽復乘舟夢日邊。
行路難，行路難，多歧路，今安在？
長風破浪會有時，直掛雲帆濟滄海。

李白豐富的想像力，若生在今日一定是個出名的劇作家或導演。他的月下獨酌，竟然可一人分飾三角：「花間一壺酒，獨酌無相親；舉杯邀明月，對影成三人。」

有一次唐玄宗與楊貴妃在沉香庭飲酒作樂，召翰林李白吟詩助興。席間李白藉著酒興，叫一旁的宦官高力士磨墨擺紙，即席寫就〈清平調〉三首：

雲想衣裳花想容，春風拂檻露華濃。
若非群玉山頭見，會向瑤台月下逢。

一枝紅豔露凝香，雲雨巫山枉斷腸。
借問漢宮誰得似，可憐飛燕倚新妝。

名花傾國兩相歡，長得君王帶笑看。
解釋春風無限恨，沉香亭北倚欄杆。

唐玄宗聽畢高興地大加稱頌，立即叫宮廷樂師李龜年與梨園弟子奏起絲竹，展喉而歌，自己吹起玉笛助興。楊貴妃則拿著七寶玻璃杯，倒上西涼州進貢的葡萄美酒，邊飲酒邊賞歌，煞是快樂。隨侍在旁的大太監高力士則驚訝說：「放屁也沒有這樣快啊！」李白藉著酒興乘勢叫一旁的高力士為他脫靴，並加以奚落。此舉讓高力士記恨在心，日後時時在楊貴妃前耳語挑撥，致李白被罷官離去。

詩人李白很重視朋友之間的情誼。天寶十四年（西元七五五年），李白從秋浦（今安徽貴池）前往涇縣（今屬安徽）遊桃花潭，當地村人汪倫常釀美酒款待他，二人建立了深厚的感情。臨走時，汪倫又來送行，李白做了這首〈贈汪倫〉以謝之：

李白乘舟將欲行，忽聞岸上踏歌聲。
桃花潭水深千尺，不及汪倫送我情。

意即縱使桃花潭水那樣深湛，也難比汪倫的深情厚意。水深情深，表達了兩人之間真摯純潔的情誼。

李白的詩，寫盡詩人、君王、宦官、寵妃之間的愛恨情仇及人與人之間友誼的平淡真實。許多軼文趣事，或以詩詞歌賦，或以尋章摘句呈現，更顯故事的意境深遠。

09 動畫展開想像的創作羽翼

心理學家薩提爾提到：「人們可以自由地說出你所感和所想，自由地根據自己的想法去冒險，來代替總是選擇安全妥當這一條路，而不敢與風作浪搖晃一下自己的船。」我們何不自由地根據自己的想法去創作故事呢？你可以思考：為何你想要說出這故事呢？你的故事吸引人之處在於內心強烈的信念，那就是你故事的核心。如果你是故事的核心角色，碰到故事中的情境，你會有何反應或行動呢？

小時候《大力水手卜派》、《小英的故事》、《北海小英雄》、《頑皮豹》等卡通影片是小朋友的最愛，近年來好萊塢的動畫更是結合數位科技與創新元素，將故事以豐富的面貌呈現。譬如《史瑞克》的樂觀昂揚與真摯的愛，《天外奇蹟》的夢想成真，還有《快樂腳》、《KUSO小紅帽》、《冰原歷險記》、《里約大冒險》等，都是老少咸宜的動畫影片。除了好萊塢，法國動畫故事水準也很高。下面我要說的就是法國動畫《大雨大雨一直下》的故事。

大雨大雨一直下——同舟共濟，還是爾虞我詐？

莉莉是一個說話像大人的可愛小女孩，她的父母開了一間家庭動物園，為了吸引遊客，他們準備要去非洲尋找野生鱷魚，擴大營業規模。於是她的父親暫時將女兒莉莉託付給好友費迪照顧，費迪是一名閱歷豐富的老船長。

費迪和太太茱麗葉及他們的養子湯姆，一家三口就住在不遠小山丘上的穀倉內。但是小孩湯姆一直嫌棄養父費迪年紀老邁，不願叫他一聲「爸爸」，只叫他「阿公」。

某夏日午後，湯姆和莉莉到池塘邊玩耍，忽然聽見一群青蛙會說話，並告訴他們一個驚人預言：「一場大浩劫即將發生，天上即將連續下四十晝夜的大雨，大洪水將淹沒全世界。」

湯姆和莉莉還來不及告訴老船長費迪，大雨就嘩啦嘩啦地一直下。老船長費迪連忙好心將一大堆動物們，包括大象、獅子、老虎、熊、狐狸、長頸鹿、小雞、小貓、小豬、小羊、老鼠等，都趕到穀倉內避難。

大水頓時淹過村莊小路、山丘、森林，而他們住的穀倉奇蹟般地漂浮在一個牽引機的輪胎上，成了臨時庇護所，這場漫長的漂流旅程於是展開。

在等待大洪水退去的漂流時間，樂天派的船長費迪、愛變魔術卻很少成功的茱麗葉、相知相惜的莉莉和湯姆，還有愛拌嘴的大象夫婦、粗魯卻耿直的獅子、小流氓嘴臉的狐狸等，讓穀倉內的每一天都充滿了歡笑與衝突。

有一天，湯姆在漂流的水上看到一隻垂死掙扎的老烏龜，好心地央求船長費迪將烏龜救起，原來牠也是大洪水氾濫下，一群凶猛鱷魚嘴下的倖存者。莉莉和湯姆悉心照顧烏龜，烏龜也日漸恢復體力，彼此快樂地相處。

歷經長久的水上漂流，動物們肚子都餓了，穀倉內只有一種食物——馬鈴薯。對於費迪一家及草食動物們而言，馬鈴薯可說是美味食物；但對於肉食動物來說幾乎食不下嚥。於是肉食動物不斷對其他的小動物們，如小豬、小雞、小羊等虎視眈眈了。所幸老船長費迪對肉食動物們曉以大義，告訴牠們大家都可能是世界僅存的動物，要繁衍下去，不能自相殘殺。

一個暗夜中，老烏龜躡手躡腳地起身，突然拿起手電筒當作暗號，向大水中召來一群鱷魚。原來復仇心強的老烏龜根本不懷好意，偽裝受傷，實際上一心要為過去曾被人類殘害的同伴報復，因此與鱷魚勾結。

經過一番激烈的生存抗爭，智勇雙全的莉莉與湯姆駕駛著牽引機的穀倉，與其他動物們救起落水的船長費迪與茱麗葉，一起擊敗老烏龜和凶猛的鱷魚。船長最終還是原諒老烏龜，費迪對牠說：「當暴力的火種一旦點燃就不容易撲滅，希望你不要懷著仇恨之心，造成冤冤相報的惡性循環。」

經過了這一串激烈衝突的冒險事件，在一個靜夜星空下，費迪一家人躺在穀倉最高頂上，望著飛逝而過的流星，費迪拿著心愛的吉他唱起老水手之歌：「風吹來的時候，夜變得溫柔。我們來講孤獨水手的故事，將來我會不會有兒子，一個小男孩；將來我會不會有兒子，一個愛的結晶。」唱完後他突然聽到一聲「爸爸、爸爸」，原來是養子湯姆的叫聲，父子倆緊緊相擁。

《大雨大雨一直下》原片名是*La Proph tie des grenouilles*，意即「小青蛙的預言」。導演賈克雷米選擇青蛙來警告人類將發生大洪水，有一個特別的含意，他說：「青蛙是非常奮進及正面的動物，蝌蚪由慢慢生長出手腳，至進化成青蛙的過程，是人類歷史的濃縮版。」

這個故事啟發我們，遇到狂風暴雨外加驚濤駭浪的危機時刻，我們該同舟共濟，還是爾虞我詐呢？

✓故事管理工具：創作一個故事

皮克斯創作動畫故事有一個六步驟公式，試著用六步驟公式創作一個故事吧。

❶ 很久很久以前有一個：

____

❷ 每天：

____

❸ 有一天：

____

❹ 因為：

____

❺ 為此：

____

❻ 直到最後：

____

10 音樂歌劇故事，傳遞人性的真、善、美

音樂歌劇故事的引人入勝，除了故事情節動人之外，舞台燈光背景效果、一流的演員、優美的音樂，更在故事中傳遞人性的真、善、美，彷彿是一場流動的饗宴。

聽過普契尼歌劇《公主徹夜未眠》嗎？「今夜無人入睡，今夜無人入睡。即使是妳，啊，公主！」

西方歌劇常常是許多動人故事的來源。比如說《貓》、《悲慘世界》、《歌劇魅影》，還有威爾第的《茶花女》、《阿依達》，莫札特的《魔笛》、《茶花女》等。其中，我很喜歡義大利劇作家普契尼的兩齣歌劇《杜蘭朵公主》與《蝴蝶夫人》。《蝴蝶夫人》於一九〇四年二月十七日在米蘭初演，《杜蘭朵公主》

於一九二六年四月二十五日在米蘭初演，兩部歌劇都詮釋了在中、西文化差異的背景下，愛情的浪漫與淒美。

《蝴蝶夫人》描述美國軍官平克頓在日本一間居酒屋，遇上天真、純潔、活潑的日本藝伎蝴蝶夫人。蝴蝶為了愛情而背棄了自己家族所信仰的宗教，選擇與平克頓結婚，平克頓深受感動。婚後平克頓須移防返國，但他對妻子蝴蝶說：「我會帶著玫瑰，在世界充滿歡樂、知更鳥築巢的時候回來。」

婚後平克頓返回美國，卻不知蝴蝶已經生下他的孩子。過了三年杳無音信，蝴蝶深信他會回來。等待多年後的一天，蝴蝶接到平克頓即將回來的消息，欣喜若狂地迎接平克頓所搭乘的「林肯號」。怎知平克頓回來後竟帶著他在美國新娶的合法妻子凱特，並要求將孩子帶走。

傷心欲絕的蝴蝶因為平克頓移情別戀，便在與兒子玩捉迷藏時，用黑布蒙著兒子的雙眼，並獨自走到屏風後自盡身亡，以死作為對平克頓的控訴。

《杜蘭朵公主》則是描述韃靼王子卡拉富愛戀中國公主杜蘭朵，不惜冒著失去性命的危險，參加猜謎大會的故事：

一位古代中國的公主杜蘭朵，為了要報復她的祖先被外鄉人殺死，因而仇恨天下男人。公主選擇在北京城召告天下四方徵婚，但她卻提出一個殘酷條件：前來徵婚的王子必須回答她三個謎題。如果三題都答對，她就與他成婚，但是如果答錯，就要被斬首示眾。三年下來，已經有多人喪生。

一天，流亡中國的韃靼王子卡拉富見到杜蘭朵公主，為她的美麗所吸引，不顧父親、侍女柳兒的反對，決心一試。

公主出了第一個謎題：「有一個幻影在黑夜中飄盪，穿過層層黑暗，重重人群，全世界都在呼喚它，懇求它。這幻影在白天悄悄退去，而在心中生起，每個晚上新生，白天死去。這幻影是什麼呢？」

卡拉富王子思考一下，回答：「是希望。」他答對了第一題。

公主接著問第二個謎題：「有一樣東西像火一樣旺，但它不是火。有時很激烈，有熱、力和激情，如果不動它就冷掉。如果你死了，它就變得冷卻，若你有征服的夢想，它就沸騰。它有一個聲音，聽了會使人顫抖，它生意盎然地跳動著。」

卡拉富想了一下，於是回答：「熱情。」他答對了第二題。

公主接著提出第三個問題：「你點燃了冰塊，但是回報你的是更多的冰塊。它是純白的，也是黑暗的，它可使你自由，但也讓你成為奴隸，如果讓你為奴，你就會龍袍加身。這點燃你的冰塊是什麼？」

卡拉富很快地回答：「杜蘭朵。」

群眾歡聲雷動，因為卡拉富正確地回答了公主的三個謎題，公主必須遵守自己的諾言和這位王子結婚。公主卻反悔了。她極不情願下嫁給外鄉人。

卡拉富看出公主並沒有誠意要和他結婚，於是反而提出一個謎題，要杜蘭朵猜猜他是誰。如果公主能在隔天清晨說出他的名字，公主就可以不必和他成婚，而且他也願意欣然就死。

公主於是下令北京城的人們徹夜不眠，一定要在天亮之前查出這個人的姓名，否則眾人就要受到處分。公主後來終於找到與王子同行的婢女柳兒，並嚴刑拷打，要她說出這王子的名字。柳兒因為愛王子而堅決不說，並強奪衛兵的匕首，自殺身亡。

王子憤怒地指責「冰冷的公主」，公主則表示自己高高在天上，並非凡人。王子於是逼近她的身邊，用力抱住了她，吻了公主。公主終於流下了眼淚，她要王子帶著勝利與祕密離開，不要再多做要求。

王子卻告訴她：「公主妳是我的，在妳面前我沒有祕密……」於是說出自己是韃靼王子卡拉富。公主因為知道王子的名字而雀躍不已，而王子則將一切的命運交給了公主。

第二天破曉時刻，杜蘭朵公主當著父王及文武百官宣布她的答案，她說：「我知道這個外鄉人的名字，他的名字就叫——愛。」杜蘭朵公主和王子終於在眾人的歡呼和祝福下完成婚禮。

《舊約聖經．雅歌書》說：「求你將我放在你心上如印記，帶在你臂上如戳記，因為愛情如死之堅強，嫉恨如陰間之殘忍。」《蝴蝶夫人》的先喜後悲與《杜蘭朵公主》的由悲轉喜，見證了愛情的浪漫與淒美，有喜、有悲，創造故事的轉折。

11 中西典故相互輝映、相映成趣

同樣是作夢，西方有《李伯大夢》（*Rip van Winkle*），東方有「南柯一夢」、「黃粱一夢」的典故傳說。都是一覺醒來數十載，繁華落盡心境轉，體悟了個人名利和榮華富貴之短暫。

《李伯大夢》中的主角李伯一覺醒來二十年，景物人事全非，擺脫了悍妻的嘮叨碎碎念。原來李伯走進了百年前的探險家哈德遜船長的異想世界：

生性樂觀、為人憨厚的李伯，有一位悍妻。一天，他在山上遇到穿著荷蘭傳統服裝（上身馬甲，腰間束著皮帶，層層鑲著扣子的馬褲）的老頭。他樣貌奇特，身材矮小，頭髮粗密，留著灰色鬍子。老頭請李伯幫忙扛一個結實的木桶，裡面裝著酒。他們穿過溝壑、山谷，來到猶如圓形劇場的空地，李伯看到一群人正在玩九柱戲（類似保齡球的遊戲）。

那群人頭大、臉寬、眼小、鼻大，戴著圓錐狀的白色帽子，帽子上插著一小根紅色雞毛。李伯渾身發抖、雙腿發軟，被迫幫他們把木桶的酒倒入幾個大酒壺裡面，看著他們暢飲並玩遊戲。慢慢的，李伯內心的恐懼與不安逐漸消失，愛喝酒的他，甚至趁沒人發現時偷喝了一口酒，沒想到味道極佳，嘗起來好像荷蘭上等酒。於是他一口接著一口，就這樣喝了壺裡的酒，最後眼神迷茫地進入夢鄉。

醒來後，李伯發現還是躺在原來那個長滿青草的小土丘上，不自覺一摸下巴，發現自己的鬍子竟有三十公分長。回到村裡才發現一覺醒來二十年，景物人事全非。原來，傳說哈德遜船長每隔二十年，就會乘坐他那艘「半月號」大帆船到這裡巡視。李伯喝的，就是船長珍藏的百年好酒。

到了今天，村子裡每個懼內的男人都渴望著：當日子艱辛難過時，他們也能喝上一口李伯喝的那壺酒，然後進入甜甜夢鄉。

成語「南柯一夢」則是源於唐朝李公佐的〈南柯太守傳〉：

隋末唐初有一個叫淳于棼的人，家住在廣陵，他家的院中有一棵根深葉茂的大槐樹。盛夏之夜，樹影婆娑，晚風習習，是個乘涼的好地方。

淳于棼喜好飲酒，性格豪放，不拘小節。過生日的那天，親友都來祝壽，他一時高興，多貪了幾杯，夜晚一個人坐在槐樹下歇涼，醉眼迷茫，不覺沉沉睡去。

夢中，淳于棼被兩個使臣邀去，進入一個樹洞。洞內晴天麗日，別有世界，號稱大槐安國。那時京城舉行選拔官員考試，他正趕上京城會試，放榜時他高中了第一名。緊接著殿試，皇帝親筆點為頭名狀元，並把公主許配給他為妻，狀元郎成了駙馬爺，一時傳為京城的美談。

婚後，夫妻有了五男二女七個孩子，感情十分美滿。淳于棼被皇帝派往南柯郡任太守，他勤政愛民，很受當地百姓的稱讚，一待就是三十年。

一年，檀蘿國派兵侵犯大槐國，大槐國的將軍們奉命迎敵，不料幾次都被敵兵打得大敗。皇帝震怒，文武官員們個個嚇得面如土色，束手無策。這時宰相想起了政績突出的南柯太守淳于棼，於是向皇帝推薦。

淳于棼接旨，立即統兵出征。可是對兵法一無所知的他，與敵軍剛一交戰，就兵敗如山倒，自己也險些當了俘虜。皇帝得知消息，非常失望，下令撤除淳于棼的一切職務，貶為平民，遣送回老家。此時他的妻子金枝公主也身染重病，十多天後也死了。淳于棼羞憤難當，想想自己一世英名毀於一旦，晚景淒涼，仰天長嘯一聲，便從夢中驚醒。

夢醒後，他按著夢境尋找大槐國，原來就是在自己院中大槐樹下的一個螞蟻洞，一群螞蟻正居住在那裡。淳于棼又想起檀蘿國大軍侵略南柯郡的事，竟然在住宅東面一里處的山澗邊上發現一棵大檀樹。樹上籐和蘿糾纏交織成一片，檀樹旁邊有個小洞穴，洞穴裡竟然也有一窩黑色的螞蟻聚居，想必這就是檀蘿國。

「得又何歡，失又何愁，恰似南柯一夢。」李公佐於貞元十八年的八月，聽聞淳于棼的事，將其故事記錄下來，讓世人以「南柯一夢」為鑑，不要拿名利和官位炫耀於天地之間。

「南柯一夢」與「李伯大夢」，容或有不同的啟發和解讀，但是藉由單純喜歡閱讀故事的引線，讓我開始喜歡從中西典故與文學中，尋找彼此相映成趣的比對。比如我看《張愛玲傳》，寫到胡蘭成與張愛玲初結情緣，天天去她家喝紅茶、吃西點、談藝術，成為座上賓。當戀情慢慢升溫時，胡蘭成伸手碰觸張愛玲的臉說：「妳的臉盤飽滿，像是十五的滿月。又像是平原面貌，山河浩蕩。」

此刻，我即聯想到十九世紀法國作家司湯達（Stendhal）寫的《紅與黑》，其中一幕描寫生性容易受傷害的男主角朱利安，不小心碰到市長夫人雷納爾夫人的手，看見夫人慌忙縮手的反應，朱利安誤以為這舉動是輕視自己。於是他決定再次緊握夫人的手，滿足自己成功勝利征服他人的快感。

像這兩種不同故事情境的比對、聯想，豐富了我們的想像力，不也是一種樂趣嗎？

12 節日慶典的故事，編織動人傳說與風俗逸聞

許多國際性的紀念日與各國著名的節日，背後都隱藏著傳說故事與風俗逸聞。譬如華人最盛大的節日農曆春節（年的故事）、濃情蜜意的牛郎織女七夕情人節、心存感恩互助的感恩節、瘋狂跳躍與閃躲的奔牛節、開懷暢飲的啤酒節、月圓人團圓的中秋節，及最受孩童歡迎的溫馨快樂聖誕節等。

聖誕節除了有耶穌誕生馬槽的故事（雖然十二月二十五日並非耶穌誕生的日子），還有一個聖誕老人的溫馨美麗傳說。聖誕老人總是在孩子發出驚喜讚嘆的歡呼聲中，帶著呵呵爽朗笑聲，快樂地離去。聖誕老人懂得及時肯定，按時獎勵。更重要的是，每次他所送的禮物都是孩子的「最愛」，才能滿足孩子的期待，並給他們帶來意外的驚喜。

當雪花紛飛在北緯六十六度三十二分的北極圈上，芬蘭北方的拉普蘭省，一個臃腫的胖子，穿著紅衣紅帽、留著濃如白雪的大鬍子，親切迷人的笑容配上呵呵爽朗笑聲，哇，那不就是傳說中的「聖誕老人」嗎？聖誕老人的傳說起源於第四世紀：

在地中海附近有一位名為尼可拉（Nichola）的聖人，最喜歡賑濟窮人。當他得知有一位父親有三個待嫁的女兒，但卻沒有為她們辦理婚嫁所需的金錢。在缺乏糧食的情況下，那人絕望地準備將其中一個女兒賣去做奴隸。

在快要變賣第一個女兒做奴隸的夜晚，女兒們洗完衣服後將長襪掛在壁爐前烘乾。尼可拉知道了她們父親的境況，就在那天晚上來到她們家門前。他從窗口看到一家人都已睡著了，同時從窗邊注意到女孩們的長襪。隨即，他從口袋裡掏出三小包黃金從煙囪上一個個投下去，剛好掉在女孩們的長襪裡。

第二天早上，女兒們醒來發現長襪裡裝滿了金子，足夠供她們買嫁妝了。這個父親也因此能親眼看到他的女兒們結婚，從此過著幸福快樂的生活。

這故事後來慢慢衍生為有一位樂善好施的慈祥老人，穿著紅衣紅帽，駕著有九隻馴鹿拉的雪橇，領頭的馴鹿名叫魯道夫（Rudolph），有個紅紅鼻子。其他八隻分別是：猛衝者（Dasher）、跳舞者（Dancer）、歡騰（Prancer）、凶婆娘（Vixen）、大人物（Donder）、閃電（Blitzen）、丘比特（Cupid）、彗星（Comet）。

八隻馴鹿負責出力拉，跟隨著開路的領頭鹿紅鼻子魯道夫，因為牠的紅鼻子就像燈塔一樣穿透了迷霧，而且永遠不會迷路。

不論雨雪風霜，每年的平安夜，聖誕老人不辭辛勞地爬入每一根煙囪，將每個孩子許願的禮物投入壁爐上一隻隻色彩繽紛的長襪中。當然他事前已經有一份名單，知道哪一個孩子是頑皮的，哪一個孩子是乖巧的；當孩子睡著的時候，他會以慈祥的目光看著他，當孩子醒的時候他也會知道。

故事也可以引申解讀為，身為領導者，必須學習聖誕老人激勵的四個原則：

1. **讓部屬知道你對他的要求標準是什麼。**
2. **讓部屬瞭解「獎賞」與「處罰」為何。**

❸ 所獲得的獎賞符合部屬的期望嗎？

❹ 協助排除障礙、達成目標以獲得激勵。

唯有如此，你的「領頭鹿」紅鼻子魯道夫及八隻馴鹿成員，才會在大風雪的夜晚，心甘樂意地為你拉雪橇。

13 故事圖卡——梳理自己的生命藍圖

看圖說故事，圖像能活化右腦的思維。利用圖卡引導你產生：有趣的詢問，深刻的對話，說出另一個新奇的故事。一種圖片，兩樣情懷，千般解讀，這就是故事圖卡的魔力。

今年五月我去新竹某科技大學講授一天的人際溝通課程，學員是來自大學部及研究所的學生。我很擔心會不會發生上課時學員玩手機、吃雞腿便當等不專心聽講的情形。但當我善加利用說故事及「故事圖卡」的引導技巧時，竟然發現原本的擔憂是多慮的，「故事圖卡」可以激起相當不錯的學習效果。

「故事圖卡」（或生命故事卡），顧名思義是藉由圖案引發故事聯想。圖卡的正面是圖案，反面是一句激勵人心、正向思考的話語。可以利用圖像活化右腦的思維，引發天馬行空的聯想，產生一句心得感言或一個故事。再藉由圖卡激勵人心、正向思考的話語，作為故事的「價值啟發點」。「故事圖卡」可以重新梳理自己的生命故事，繪畫自己的生命藍圖。團體引導的方式有許多種：

❶ **看圖隱喻**：每人心中選一張圖形卡片，用隱喻方式說出對於此張卡片的聯想意義，請他人猜猜看自己選的是哪一張。

❷ **故事接龍**：將小組的卡片以任何順序方式排列組合，透過「腦力激盪」方式引發故事創作。

有一天凌晨四點，我輾轉反側，內心思緒澎湃洶湧，難以入眠。索性起床在書桌前振筆疾書，寫下了下面三套故事圖卡作為範例：培育「希望種子」，點燃「夢想天燈」，就會看到「幸福彩虹」！

【故事圖卡】使用說明：

二十七則故事圖卡的文字內容，分別隸屬三系列。每系列九張，正面是插圖的圖畫，背面是文字（中英文對照）。一可作為老師授課時教學想像力或隱喻引導的教具，二可作為看圖說故事的引導工具，三可作為激勵人心的幸福快樂正向思考卡片。

故事1》「希望種子」故事圖卡

有個十歲小男孩，有一天聽老師說「亞洲羚羊」要到學校來。小男孩心想，我們學校又不是動物園，「亞洲羚羊」為什麼要來？原來「亞洲羚羊」是紀政小姐——一九六八年代表我國參加奧運，獲得八十公尺低欄銅牌，並曾打破過五項世界紀錄。

小男孩似懂非懂地聽紀政小姐在台上說：「一個人在運動場上尋找的不只是金、銀、銅牌，而是運動家的精神。如何成為一位優雅的勝利者，這就是運動之美，也是人生之美。」

遇見紀政小姐後，小男孩從此也在心中種下了一顆「奔跑」的種子，心想著：「我也好想像她那樣。」

二十年後，小男孩長大成人。三十歲的那一年，他獲得「四大極地超級馬拉松巡迴賽」總冠軍，並於同年十一月，花了一百一十一天完成徒步橫越撒哈拉沙漠的世界壯舉。二〇一一年四月，更完成了以一百五十天長跑橫越一萬公里古絲綢之路的壯舉。他就是超馬（Super Run）選手林義傑。

林義傑日前赴台東長濱，看望偏鄉學童與弱勢族群孩子，教導他們並陪伴那群孩子一起跑步五公里。全程只有一位小孩子名叫「潘義元」，可以從頭到尾與林義傑並駕齊驅地跑著，因為潘義元心想著：「我也好想像他那樣。」此刻，在潘義元的小小心中，也種下了一顆「希望種子」。

故事 1》「希望種子」故事圖卡 （繪製者：張念璇）

1 故事圖卡

我終日尋找快樂，我終生探索幸福，我終於在成就自我並激勵他人的過程中，找到答案。

2 故事圖卡

自律的習慣是我成長的實力。等待風雲際會的時機來臨時，將會匯聚成一股強大的力量，將我推向發光發熱的舞台。

3 故事圖卡

我們四面受壓，卻不被困住；出路絕了，卻非絕無出路；遭逼迫，卻不被撇棄；打倒了，卻不至滅亡。不要被歷史的包袱局限住，要勇敢迎向世界，做一些美好偉大的事情。

4 故事圖卡

少年的我對世界說：我迎著希望來了。
中年的我對世界說：我懷著熱情澎湃。
老年的我對世界說：我想著滿是感恩。

5 故事圖卡

我要走出舒適安逸圈，迎向變革。驅動力讓我超越現況，讓夢想變為可能。

6 故事圖卡

當我開始放慢腳步，懂得觀察自然與欣賞他人時，我發現：天空的蔚藍、海洋的碧綠、蝴蝶的快樂、螞蟻的忙碌。

7 故事圖卡

河流看見海洋的廣闊，小草見識森林的繁茂，我不只要長大，還要懂得包容和謙虛。

8 故事圖卡

一條孤寂的溪流，也會持續向著夢想奔流。一根樹上的枝枒，也會奮力向著自由舒展。因為總有一個日出之地，帶給人充滿希望。

9 故事圖卡

世上只有兩種人：一種是活著；另一種是懷抱勇氣、勇敢活著。「勇氣」是面對恐懼、克服懷疑的行動能力。

故事2》「夢想天燈」故事圖卡

小女孩艾莉從小熱愛飛行與冒險，總是夢想著到南美洲冒險，她對於探險的興趣，影響著一個小男孩卡爾。兩人對於仙境瀑布懷著相同的憧憬與渴望，進而相識，成為青梅竹馬的好朋友。

艾莉和卡爾長大後因相愛而結婚，婚後卻因現實的許多瑣事耽擱，遲遲沒有完成仙境瀑布探險之旅的理想。多年後驀然回首，兩人才發覺已是白髮蒼蒼。艾莉奶奶不幸病逝，之後，卡爾爺爺鎮日沉浸在憂傷、孤僻與封閉之中。

直到有一天，七十八歲的他所住的小屋將面臨市政府拆遷，在拆遷的最後一刻，卡爾爺爺竟然突發奇想，心生一計：將一萬多個五顏六色的氣球綁在小屋上，讓小屋飛向高空，他準備和房子一起飛向仙境瀑布。

隨著氣球慢慢升起，原本卡爾爺爺的淚水也化為希望，熱血更盈滿胸懷。因為卡爾爺爺在艾莉奶奶的冒險手札中，看到一句話：「有夢想就要去完成。」這句話，開啟了卡爾爺爺冒險的契機，他決定帶著艾莉的照片與心願，完成仙境瀑布探險之旅，這也是兩人多年來的誓言。

在追夢的路上，卡爾爺爺意外與小童軍小羅同行。小羅是個正直、善良、熱情、單純的胖男孩，為了蒐集老人徽章，誤打誤撞地搭上這間飛屋。

於是，一個老頭子和一個精力無窮的小孩，在經歷許多冒險之後成為忘年之交。之後又和彩色巨鳥凱文、會說人話的小狗小逗邂逅，經過一番磨難，終於在杳無人煙的原始叢林中，來到了仙境瀑布。

卡爾爺爺回想當時，小屋隨著氣球慢慢升起，飛向高空之際，卡爾爺爺知道他的夢想天燈已開始飛揚，夢想啟動了，就好像那五彩繽紛的氣球向上升起……

故事2》「夢想天燈」故事圖卡（繪製者：張念璇）

1 故事圖卡

東方發白的破曉時分，我沉浸在造物主創造天地萬物的的喜悅中。開始對擁有的一切感恩，對失去的一切警惕，準備認真活過每一天。

2 故事圖卡

面對千重山、萬重水的阻隔，我帶著夢想的頭盔、信心的盾牌、行動的長矛，準備打一場美好的仗。

3 故事圖卡

當一個人被放在時間與空間的座標軸上，就自然寫下了歷史和回憶。我可以創造不凡的歷史，在宇宙之間留下美好的回憶和足跡。

4 故事圖卡

寧靜是最奢華的享受。心靈時時滌盡塵埃，讓我擁有再出發的勇氣。

5 故事圖卡

人心憂慮，使心消沉；一句良言，使心喜樂。憂傷的靈使骨枯乾，喜樂的心乃是良藥。

6 故事圖卡

群星閃爍的夜空總像是千萬個智慧老人，對我訴説他們成功與失敗的經驗。鼓勵我要：唱自己的歌，做自己的夢，持續發光如星。

7 故事圖卡

目標是一個有底線的夢想。我願意忍受孤寂與挫折，抗拒誘惑與不安，面對實際迎面而來的挑戰。

8 故事圖卡

挫折讓我懂得慢下腳步，逆境讓我虛心反省檢討。我沒有失敗，我只是暫時停止成功。

9 故事圖卡

谷百合在荊棘中顯得獨特而美麗。我要在人云亦云的潮流中堅持「真、善、美」的價值觀。

故事3》「幸福彩虹」故事圖卡

傳說在很久很久以前，天邊絢麗的七彩光中，有一個美麗而又神奇的世界，那裡有最最純淨的空氣和水，那裡有美麗的山川、河流、田園。

傳說在很久很久以前，小王子是個金髮燦爛、笑臉迎人的孩子，充滿哲理的小腦袋，不停地問著問題。在小王子的生活中，他跟許多嚴肅的人有過很多的接觸，他在成人的世界裡生活過很長一段時間。小王子仔細地觀察過他們，但並沒有使小王子對他們的看法有太大的改變。

小王子，畢竟只是一個孩子，他是脆弱的，需要朋友和愛，為了他心愛的玫瑰花，經過長途旅行的小王子，想要回到原來的星球。藉由蛇的幫助，他告別了地球。

除了小王子，還有安徒生、《格林童話》，都有美麗幸福的結局，就像是告訴我們：勇敢追尋夢想，就能看到天邊的彩虹。

故事3》「幸福彩虹」故事圖卡（繪製者：張念璇）

1 故事圖卡

我曾經熱切地尋索一對關懷的眼神，一雙歡迎的臂膀，一顆接納包容的心。我沒有失望，我終於在友誼的橋梁中找到。

2 故事圖卡

心態改變，行為跟著改變；行為改變，習慣跟著改變；習慣改變，我的命運跟著改變。

3 故事圖卡

湖水擁抱雨滴，泛起美麗漣漪；火柴親吻蠟燭，照亮滿室溫馨。我開始學習從關注自我轉移到關注他人。

4 故事圖卡

美麗的鮮花是大地托住的；快樂的鳥群是森林托住的；我們的夢想是團隊托住的。

5 故事圖卡

我不知道風往哪一個方向吹，但我會享受每一個微風中的歌唱，清風下的明月，還有寒風中的跋涉。

6 故事圖卡

面對紛至沓來的資訊狂潮，要重新得力就在於擁有平靜安穩的心，才能如鷹展翅上騰。

7 故事圖卡

天馬行空的想像帶我馳騁創意世界，靈光乍現的靈感是苦思後的回報。我擁有解決問題的創新思維。

8 故事圖卡

對於生命我有很多的疑問，但是時間總是耐心地給我解答。因此我決定不再辜負時間。

9 故事圖卡

有時烏雲蔽日遮望眼，接著就是暴風雨前的閃電和雷鳴。就算是在驚濤駭浪的風雨中，我還是會對自己說：「雨過，總會天晴。」

第六章

人生，要活對故事

人生的故事，是一章動人的詩篇，
故事中說出繁華落盡，故事中帶來幾許蒼涼。
你可以更恢弘、更美麗、更耀眼，
你可以改寫自己的人生故事，
人生，要活對故事。

01 敲開幸福門，打開快樂窗——人生故事地圖

故事可能是資產，也可能是負債。有的故事能夠增長能力和幸福，有的卻會限制、剝奪、貶低我們與他人的關係。有些故事則能撫慰、提升、解放、提振，甚至治療我們。

——敘事治療創始人麥克．懷特（Michael White）

二○一二年的某天晚上，驚聞好友維特（Victor）驟逝消息。那天參加了他的告別式，回家後百感交集，我就利用「自由書寫」寫下了〈好好睡吧！我的朋友〉：

維特啊，維特！多年未見，卻驟然聽聞到你離去的消息，在所有愛你與關心你的人平靜心湖中投下了一顆震撼彈。

記憶陷入那段一起走過的鏗鏘歲月，你扮演了一位極為稱職的部屬，任勞任怨，成為我不可或缺的左右手。望風懷想，依依職場，憶哉當年，奔躍之羊。荏苒幾度秋，物換星移，今後再也聽不到你爽朗的笑聲，看不到你熱心助人的背影，及勇於當責的態度。

你看似樂觀，卻怎也想不到在轉換另一個職場跑道後，竟用「燒炭自殺」選擇結束四十一歲的璀璨人生，留下六歲的稚子把玩你剛買給他的變形金剛。

人生啊！人生，我們要選擇活對故事。當我們自問：我是誰？要往何處去？如何前去？這三個小問題卻隱藏著人生大道理。

憶及與你西窗剪燭、共話前程的情景。

對酒當歌，人生幾何？譬如朝露，去日苦多。青青子衿，悠悠我心，但為君故，沉吟至今。契闊談讌，心念舊恩。（曹操〈短歌行〉：離我遠去的朋友，使我長久地懷念。只因為思念你呀，我一直低聲吟詠到如今。我們聚在一起談心宴飲，重溫舊日的情誼。）

維特，你的離去讓我們思考「以終為始」的行動該如何進行，我將把對你的思念，化作正面積極的力量。我要著手打造一份「活出美好的故事地圖」，讓平安喜樂充盈我們的人生。

今夜沁涼如水，靜夜星空，繁星熠熠，璀璨發亮。遙望星空，就會想到你的笑容。維特，今夜你並不寂寞，因為所有愛你的人，都會在地上為你祈禱：「睡吧！我的朋友。」

好友維特的驟然離開讓我再次思考：如何在有限的人生活出美好。因此我架構出一個「敲開幸福門，打開快樂窗」的故事地圖：

「敲開幸福門，打開快樂窗」的故事地圖

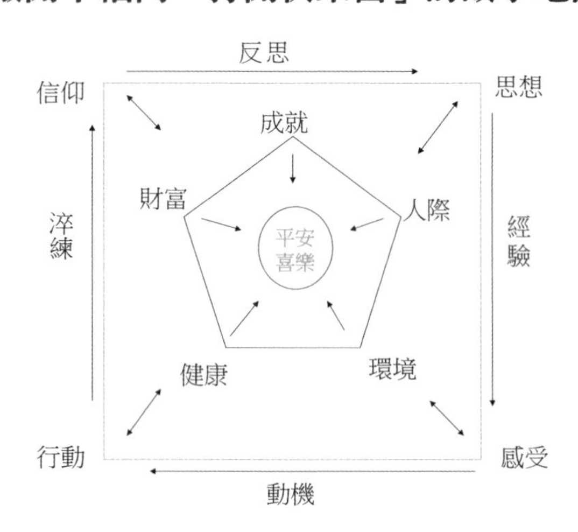

「平安」是平順與安全的感受；「喜樂」是喜悅與快樂的滿足。

黃金地圖的終極目標：平安喜樂。

影響終極目標的五個關鍵要素：

❶環境；❷人際；❸成就；❹健康；❺財富。

影響關鍵要素的四個系統因子：

❶信仰；❷思想；❸感受；❹行動。

敘事治療創始人麥克．懷特，為「敘事」提出另一種新觀點，他把治療比喻為「說故事」或「重說故事」，敘說關於生活與經驗上遭遇問題的過程。他相信人不等於是問題的標籤，人也不是被問題牽著鼻子走的，「方法總比問題多，不找藉口找方法」，在敘事過程中，人往往會找到問題的出口，「生命會自尋出路」。

☑故事管理工具：活出美好的故事地圖

透過上述的故事地圖，說一個你在人際、環境、健康、財富、成就上的故事？

人際的故事

____

____

環境的故事

____

____

健康的故事

____

____

財富的故事

____

____

成就上的故事

____

____

02 你如何聽故事？聽故事是一種「存在性的相隨」

小孩子聽故事時，睜大雙眼，流露出好奇神情，準備愉快進入故事情境；而成人聽故事則多半帶著懷疑、邏輯分析，以解決問題的態度去解讀說故事人。如果能以超越語言、進入靈魂深處的方式，讓生命與生命交流，形成一種深度的靈性陪伴與溝通，這種聆聽故事的方式便是「存在性的相隨」。

今夜小屋內的氣氛美得像一首詩，也像一幅畫。參加為期半年的「敘事隱喻」工坊，今天將是最後一次的聚會，進入小屋即感到一股曲終人散的濃濃離愁。按照往例，開始時九拐十八彎的思緒，隨著一段清柔的音樂幫助大家沉澱思緒，身體放鬆後，心也準備敞開。

這樣的心境有助於我們進入「自由書寫」的階段。大夥兒開始輪流分享心靈故事的同時，我卻意外透視到每個人浮現鮮明的圖像特質，在微弱燭光下閃爍躍動，索性隨手側寫觀察的心情點滴：

嫁得好歸宿的F，首先分享她父親病情的狀況，擔憂掛念之情溢於言表。時而淚眼汪汪，時而憂心忡忡，流露真情至性，令人愛憐疼惜。在與她兩兩互相分享的過程中，我又感覺到F另一種熱情直爽、處處善解人意的面貌。我暗暗猜想，她該不會是與我同類——熱情洋溢的牡羊座B型吧？

接著，已退休的中年女士C，出其不意地將她的香精油滴了一滴在跳躍的小蠟燭中。那一滴香精油，好像懂尼采第歌劇《愛情靈藥》中的〈一滴美妙的眼淚〉（*Una furtiva lagrima*），激活了她生命中的感性情懷，淚眼婆娑地分享婆婆挑剔她買荔枝的故事。哭泣後的C轉悲為喜，彷彿從故事中得到再出發的力量，哭泣後的燦爛笑容，更像是五月梅雨後的豔陽，足以融化冰封已久的沉睡心靈，舉手投足更有大家閨秀的貴族風範。

尚在研究所的G剛考完期末考，自然一派悠閒，雙手環繞著大抱枕，模樣好像可愛的泰迪熊。之前與他兩次分享的過程中，驚訝他年紀輕輕背後的蒼涼心境，流露出相對沉穩內斂的氣質。任職公家單位的S告訴我們，她要去尼泊爾，想換個場景，換個心境，雀躍之情也感染了我們。S悠悠說出：「庭院深深怨深深，平平淡淡才是真。」她天性樂觀，相信凡事總能隨遇而安。熱心的E隨即與她分享多年前去尼泊爾自助旅行的經驗。

灑脫熱情的L，反倒安靜得像一隻波斯貓，但總不忘適時地給我們加添幾聲加農炮般的爽朗笑聲，提醒大家該是笑點的時候了。我想她若生在古代，一定是行俠仗義、武功高強的俠女。

為母則強的A，則分享她與女兒的「朋友界線」關係，開始懂得辨識與回應和女兒的相處關係。她的分享讓人想到黃小琥的那首〈不只是朋友〉：「你從不知道，我想做的不只是朋友，還想有那麼一點點溫柔的嬌縱；你從不知道，我想做的不只是朋友，還想有那麼一點點自私的占有⋯⋯」

最後，引導我們的心理諮商老師J則分享了蘭嶼之行，他帶著防曬油卻遇到接連下雨天，只能困在民宿，望天興嘆。J瀟灑飄逸，很有吟遊詩人的味道，不知他困在民宿時，有沒有吟唱蔣捷的那首〈虞美人．聽雨〉：「少年聽雨歌樓上，紅燭昏羅帳。壯年聽雨客舟中，江闊雲低，斷雁叫西風。而今聽雨僧廬下，鬢已星星也。悲歡離合總無情，一任階前點滴到天明。」

J又分享近日閱讀的一本書《誰能寫出玫瑰的味道？》，聽了有點玄，我似懂非懂。但此刻已夜深了，即將輕唱離別曲。我拿出一張事前寫好的卡片獻給了J，為這半年來的收穫畫下一個句點。

我永遠無法忘記那一夜聽故事與說故事的心靈悸動。我見青山多嫵媚，料青山見我亦如是。我已將每位學員看做是「青山」。說來好笑，寫完了這一篇文章，我立刻飛奔坐在鋼琴前，彈了一首 *Saving all my love for you*，才足以宣洩當下激動的情感。

後記：我很想用「雲山蒼蒼，江水泱泱，先生之風，山高水長」，表達我對老師J的感謝，他在敘事隱喻工坊的帶領啟發，實在惠我良多。沒有人願意成為孤島，在生命成長的過程中，每一個人都有他私密的一處角落，溫柔且不可碰觸。透過敘事隱喻，我們在故事中可以慢慢領略寬恕、接納、包容、回饋和表達。我若不真情告白這半年來的豐碩收穫，光是只會貪婪地享用每次課前老師煮的那兩碗好吃的養生粥（外加黃瓜和滷蛋），是無法向自己良心交代的。

03 分享的快樂是加倍喜悅，分擔的痛苦是減半憂愁

一個鮮活的故事出爐了，彷彿熱騰騰的葡式蛋塔，又像熱騰騰的劇本，讓導演魏德聖一看就能寫出分鏡表。凝聚這一份「說故事」的感動力量，讓我們成為「愛與熱情」的播種者。

當最後那首〈記得我〉的歌聲響起時，我知道這五個星期所蓄積的滿滿感動，將足夠讓我甜蜜回憶一輩子。雖是酷暑盛夏，但屋外的溫度卻比不上屋內桃園蘆竹農會家政媽媽班「生活寫記」學員散發的熱情與活力。在這裡，我擔任為期五週講授「說故事學激勵」的講師。憶及那些親切可愛的家政媽媽，一雙雙充滿熱切學習的眼神是激勵我說下去的動力。班級指導員錦鳳每次的開場激勵，總是帶給大家活潑與歡笑。永遠忘不了她溫馨的激勵話語，如：三隻小手——舉手、

握手、拍手；還有鼓勵大家展現「臉笑、嘴甜、腰軟、手腳快」的四項特質。這些特質都自然流露在每一次參與課程的學員身上。

二〇一二年七月二十三日是我們「生活寫記班——故事敘說與分享」的結業，也是大家歷經五週、五次學習的心得成果發表。首先由開路先鋒素軟，上台分享全球暖化議題，為發表會揭開了序幕，帶領我們反思愛人、敬天、顧地球。接著明珠的〈大竹豆乾——味道也是一種鄉愁〉，模仿上海人的口調，引發了聽眾視、聽、觸、嗅、味覺的五感。還有碧麗的〈Push 幸福女人窩〉，帶出了「熱誠是志工的動力，分享與自我成長」，引導我們思考說故事的三個點：引爆、轉折與價值啟發。

此時學員感受到了場內「感性情懷」的同理心，正面積極思考已漸次流露。玉夏的〈南興最高貴——五行發糕〉，那一句「阿媽好感動，菜脯也可以放在發糕裡面」，令人印象深刻。

素瓊則勇敢地站出來，略微顫抖地拿著麥克風，興奮中夾雜著羞澀，敘說了「酷帥」評審看到他們參加烹調比賽的作品「雨過春筍」與「愛的禮物」，所流露出那一雙嘆為觀止「驚奇的眼神」。事後才知道，她前一天熬夜撰稿至深夜兩點半。

來春的幸福生活回憶與模範奶奶，著實令人羨慕。壓軸的昭榮則以「看圖說故事」方式，分享一則「完美女性」故事——比花更美麗的奧黛莉赫本，那一句「施予就是生活」，令人聽來為之動容。還有牡丹真情至性地娓娓道來，一粒紅與兒子的溫馨親情。只可惜翠華的〈藍迪之家〉，沒有來得及當場發表。

過程中還有一位默默為大家服務的可愛學員——麗玲，每次都熱心張羅講師的茶水，並替學員播放投影片。後來才得知，麗玲參加過說故事媽媽的專門培訓，真希望麗玲能凝聚這一份「說故事」的感動力量，化身為「愛與熱情」的播種者。

我雖沒有教導各位「作家」的寫作技巧，但是我們自由書寫的發表，卻是那樣地真情流露。我雖沒有教導各位「演說家」的演講技巧，但是我們故事敘說的鋪陳，卻是那樣地情真意切。我雖沒有教導各位「演員」的表演技巧，但是我們聲調與肢體的傳達，卻是那樣地活靈活現。

人生無須驚天動地，快樂就好；
友誼無須甜言蜜語，想著就好；
金錢無須車載斗量，夠用就好；
朋友無須遍及天下，有你就好。

謝謝蘆竹鄉家政媽媽的熱情參與，積極投入，人生因為有妳們而變得更美好。曲終人散了，我們一起寫下了歷史和回憶，一個一個鮮活的故事出爐了。

你可曾因為引領風騷而感到心醉神搖？
你可曾因為拔尖績效而感到意氣風發？
你可曾因為萬事俱備而感到此生無憾？
你需要的是說一個故事，
把喜、怒、哀、樂的感性情懷說出來。
你可曾因為世事紛亂而感到人心惶惶？

你可曾因為工作壓力而感到失意挫折？
你可曾因為心靈徬徨而感到不吐不快？
找一個聆聽的夥伴吧！

後記：錦鳳是桃園某農會協助家政媽媽班級經營推廣的指導員，家政班級包括刺繡、唱歌、攝影、烹調等。她發現這些媽媽真是蕙質蘭心，多才多藝，應該協助她們將這些精彩的過程記錄並發表出來，於是「說故事寫作」這個念頭浮上心頭。因為唯有透過故事的分享，才能將生活中的感性情懷流露出來，人生的「真善美」才能彰顯。「生活寫記班」於焉誕生。

04 敘說童年往事，妙趣橫生

敘說自己的童年故事，可以讓聽者快速瞭解自己的成長背景與鮮明個性。如果在故事的表達中穿插詼諧與幽默感的元素，更能讓氣氛融洽，場面溫馨。

「池塘邊的榕樹上，知了在聲聲叫著夏天。操場邊的鞦韆上，只有蝴蝶停在上面。」哼唱這首羅大佑的〈童年〉，讓我們重溫兒時的往日情懷。「還記得你說家是唯一的城堡，隨著稻香河流繼續奔跑。微微笑，小時候的夢我知道。不要哭讓螢火蟲帶著你逃跑，鄉間的歌謠永遠的依靠，回家吧！回到最初的美好。」哼唱這首周杰倫的〈稻香〉，讓我們想到兒時家的溫暖。

猶記小學五年級學期初，學校規畫每週有一次分組活動，課程包括了一些才藝學習，如音樂、美術、珠算、體育、歌唱、自然科學等。大概老師看我和班上的冷面笑匠「許寶」沒有什麼特殊才華，便把我們分派去學習珠算課程。我心想：天啊！我只會簡單加法，一點點減法，至於乘法和除法都不會，這一定是一趟痛苦之旅。果不其然，每次的珠算課程都令我和許寶痛苦萬分。每次老師都簡單講解一番後，就開始習作加減乘除的題目。我和許寶坐立難安，在座位上不斷蠕動軀體，既像兩隻螞蝗，又像扭曲麻花相互取暖。一學期下來，珠算也沒有太大進步。

終於快熬到期末，最後一次上課，老師走進教室，手裡拿著幾盒包裝精美的利百代鉛筆。老師說：「各位同學，今天是最後一次上課，我要來測驗一下你們的學習成果。題目共有十題，表現優異的同學可以獲得獎品——一打利百代鉛筆！」我和許寶聽到測驗不免沮喪，但聽到「一打利百代鉛筆」，眼睛不禁為之一亮。我們商量了一下，決定要努力拚一拚，贏得獎品。

老師開始出題。第一題：675＋478＋886=？

隨後老師立即公布答案，並問大家「答對的請舉手」。

接著，第二題：8845－6785＋4312－378=？

隨後老師立即公布答案，並問大家「答對的請舉手」。

接著，第三題：7865×342÷5＝？

隨後老師立即公布答案，並問大家「答對的請舉手」。題目愈來愈難，如此一番，十題測驗完畢後，老師問大家：「剛才測驗有沒有十題全部答對的同學？」這時候，全班只有兩個人勇敢地舉手，這兩位同學立刻上台接受老師頒贈的獎品——每人一打利百代鉛筆。拿到了獎品後，我和許寶彼此會心地偷笑，立刻衝回家裡。我把獎品拿給父親炫耀一番，父親高興地稱讚一番後，感性地對我說：「兒子啊！我的辛苦沒有白費，我會繼續栽培你。」

成長經歷中，頑皮的學校經驗、歡樂或失敗的教訓、精彩的冒險、莞爾動人的對話、難忘的人物等，這些都是說故事的好題材。故事中的行為並不足取，只不過想點出一個小男孩想要博取父親認同的方式罷了。選一件事情作為「單點突破」的切入點，故事就浮現出來了。

05 情竇初開的故事永流傳

若我說，我愛妳，這就是欺騙了妳。若我說，我不愛妳，這又是違背我心意。昨夜我想了一整夜，今宵又難把妳忘記。總是不能忘呀，不能忘記妳，不能忘記妳，這就是愛情。

——〈愛情〉，林煌坤作詞

十七歲高二那年夏天，我被學校遴選參加在中央大學舉辦六天五夜的「科學研習營」。當時青澀羞赧的我，來到綠草如茵的中央大學，偌大校園感覺好像呼吸到「海闊天空」的空氣一般。對於生平第一次參加校外的團隊活動，與來自全國各地高中遴選出來的男女相見歡，自然是興奮異常。畢竟和尚學校（全是男生的高中）待久了，接觸異性朋友難免怦然心動，小鹿亂撞。

隨後由大哥哥、大姊姊擔任輔導員，帶領我們產生小隊長、隊名、隊呼，展現團隊精神。接著開始進行一連串緊湊的大地遊戲、理化實驗操作、上課講座、天文觀察等。活動豐富精彩，讓我頓時大開眼界，彷彿劉姥姥進入大觀園。晚上則是伴著靜夜星空，繁星熠熠，璀璨發亮。大夥兒圍坐在校園的大草坪上，數著星星看月亮，彈著吉他，星夜談心。

美好且令人悸動的時光，彷若細沙從指尖流過，總是快速且無聲無息。時間悄悄地過了五天，在團隊相處的過程中，我認識了一位家住中壢，來自武陵高中的清純女孩——靜文。她戴著黑框眼鏡，輕聲細語，落落大方，讓我感覺清新脫俗，氣質出眾（後來才知道這種感覺叫做「情人眼中出西施」）。與她攀談過程中，總感覺心有靈犀，特別有緣。

六天的活動即將結束，難掩依依離情。猶記離別前夕的土風舞蹈惜別會，我更想抓住一些機會可供日後回憶。於是當音樂剛剛響起，我就立刻飛奔到靜文面前，像紳士一般鞠躬，對心儀的淑女邀舞，她也爽快地答應我所有舞曲的邀約。當我們在共舞時，眼中都是情意，早已把彼此幻化為王子與公主，彷彿我們才是整場舞會的主角，旁人只不過是陪襯而已。雖然步履笨拙，但兩情相悅之際，輕柔曼妙的支支舞曲，寫下的盡是互訴衷曲、純純的愛。

當曲終人散之際，我鼓起勇氣向她要了地址（可悲那沒有手機的年代）。她毫不猶疑地寫給我。結束營隊活動後，我返家立刻寫了一封自認為「文情並茂」的信給她，熱切地等候回音，並開始編織未來的兩人世界。

信已寄出，開始等待。日子一天一天過去，竟然音訊全無，我的沮喪落寞可想而知，沒想到一段美麗的際遇，就這樣胎死腹中。我強打起精神，揮別這段記憶，開始進入高三衝刺大學聯考。日子一天一天過去，我也一路走過了大學、研究所、預官，進入了職場。

二十年後，我三十七歲了，在職場擔任一個小主管，堪稱順遂。有一天父親語重心長地對我說：「宏裕啊！你今天有這番成就，爸爸也功勞不小啊！爸爸從小督促你念書，管教你交朋友，你才能心無旁騖，把書念好。」

接著，他又對我說：「喔！對了，跟你提一下，在你高二那年的夏天，有一天我接到一封從中壢寄來給你的信，我拆開一看是一個女孩子寫來的，裡面盡是濃情蜜意的字眼。我怕你看了會意亂情迷，影響課業，於是就把信撕掉了，當時也沒有告訴你。今天才告訴你，我想你應該能體會爸爸的用心良苦吧！」

天啊！聽到這句晴天霹靂的「用心良苦」，我憤怒之情充滿胸臆，情緒久久不能自已。

二十年的懸案水落石出，我不知道要用張宇那首〈用心良苦〉，還是楊峻榮那首〈情書團〉（已經撕碎的），來安慰自己激動的情緒。

然而想想父親的一生，他胼手胝足地經營小生意支撐整個家計，父親的辛苦打拚不言而喻。事隔多年，再次回想那一段青澀戀情，我決定唱這首〈牽掛〉：「數著片片的白雲，我離開了妳，卻把寸寸的相思，我留給了妳……」來紀念那一段往日情懷。

愛情是人與人之間強烈的依戀、親近與嚮往的情感。故事敘說的過程中，運用了「重新框架」（reframing），將父親的侵犯隱私權，重新框架為「關心你」、「為你好」，如此賦予某一行為另一層意義，而超越了行為本身之事實。

這另一層意義是《聖經》擴大解釋的「愛」，《歌林多前書．一三章．四八節》：「愛是恆久忍耐又有恩慈，愛是不嫉妒、不自誇、不張狂、不做害羞的事。不求自己的益處，不輕易發怒，不計算人的惡，不喜歡不義，只喜歡真理。凡事包容，凡事相信，凡事盼望，凡事忍耐。愛是永不止息。」

06 世界角落的這些人、那些事

人的一生是短的，但如果卑劣地過這一生，就太長了。

——莎士比亞

世界角落的這些人、那些事，總讓人感到：人間自是有溫情。

台灣陳樹菊阿嬤賣菜背後的樂善好施，告訴我們：「生命不是等待大風大雨過去，而是學習如何在雨中曼舞。」

孟加拉國尤努斯博士倡導的小額信用貸款，幫助數百萬窮人成功脫貧，故事告訴我們：「窮人也值得信任，因此要建立一個比自己生命更長久的志業。」

德蕾莎修女為貧苦又重病的街民所開辦的「窮人之家」，告訴我們：「用不平凡的愛做平凡的事。」

一九一二年四月十五日凌晨，世界上最大的海輪「鐵達尼號」沉入大西洋中，一千五百多名旅客喪生。約翰．哈普爾牧師也是船上乘客之一，因為他接受了芝加哥慕迪教會的邀請，準備去芝加哥講道。

四月十四日晚上，當鐵達尼號撞上冰山之後，他立刻把六歲的女兒送上救生船。他彎腰與女兒吻別，告訴她，爸爸還會見到她的。夜空中閃爍的星光，映照著他滿臉的淚水，伴著甲板上〈靠近十架〉的聖樂，他轉身回到沉船上慌亂、絕望的人群中去了。當船身開始慢慢傾斜時，人們看見他衝上前去喊道：「讓婦女、兒童和沒有得救的人（指尚未得基督救恩的人）先上救生船。」幾分鐘後，這艘巨輪就轟然斷成兩截了。一千五百多名旅客紛紛跳入或墜入海中，在冰冷徹骨的海水中浮沉，漸漸地凍死、淹死，哈普爾牧師也在其中。

在冰冷的海水中，他脫下自己的救生衣遞給另外一個人說：「你比我更需要這個。別為我擔心。」哈普爾牧師抓住這最後的機會，急迫地向人傳福音。冰冷的海水中，他從一個旅客游向另一個旅客，懇求他們接受基督。此時有一個年輕人爬上了一塊船體的碎片。哈普爾牧師在水中掙扎著靠近他，喊道：「你得救了嗎？」

「沒有。」年輕人答道。於是哈普爾牧師大聲喊著《聖經》裡的話：「信靠主耶穌基督，你就必得救。」年輕人沒有回答。轉眼間他就被海水沖遠了。過了幾分鐘，水流又把兩個人聚集到一起。

哈普爾牧師再一次問他：「你得救了嗎？」

年輕人答案仍舊是：「沒有。」哈普爾牧師用盡他最後一口氣喊道：「信靠主耶穌基督，你就必得救。」然後他就永遠消失在海水中了。就在哈普爾牧師被海浪沖走的那一刻，就在那一片漆黑的海洋中，這個年輕人決定把自己的生命交給基督。四年以後，「鐵達尼號」的所有生還者在加拿大多倫多聚會。這個年輕人流淚作見證，講述約翰·哈普爾牧師如何在自己生命的最後瞬間，帶領他歸向主耶穌。

《新約聖經．約翰福音．一五章．一三節》：「人為朋友捨命，人的愛心沒有比這個更大的。」這個真實的故事，記載在《鐵達尼號上最後的英雄》，聞者為之動容，聽者為之垂淚。故事的敘述手法富有節奏性：從撞上了冰山、船身開始傾斜，到轟然斷成兩截。接著，讓婦女、兒童和沒有得救的人先上救生船，脫下自己的救生衣遞給另外一個人，在海中浮浮沉沉還不忘記傳福音給他人，最後牧師犧牲，年輕人生還後流淚作見證等，都鋪陳了故事的轉折點。

這世上每天都上演著悲歡離合、生老病死的情節，在這些情節中，總有一些人，做的一些事，令人感到厭惡憤恨，但也總有一些人，做的一些事，讓人感到溫暖。

當災難來臨時，當人們搶著上救生船，當人們只想著救自己的時候，約翰．哈普爾牧師為了使更多的人得救，而獻出了自己寶貴的生命。在時間不斷流逝的過程中，時間累積了生命，生命創造了故事。這些溫暖動人的故事將永遠流傳，形成一股正面積極的力量。

07 夢幻騎士的信念

故事描述或溝通感官經驗，呈現自己的心路歷程。故事，透過對話質疑或支持自己的信念，嘗試新的可能性。

——麥可．洛伯特（Michael Loebbert）《故事，讓願景鮮活》

有一個小男孩 Steve，從小喜歡閱讀故事書。有一次他翻到一本看不懂書名的書，書中的故事描寫著：「在西班牙的拉曼查村莊裡，住著一位窮紳士，由於他對於騎士傳奇的小說深深著迷，夢想當一名遊俠騎士，於是開始興致勃勃地拼湊了一副破爛不堪的盔甲，手執一枝長矛和盾牌，騎上家中一匹瘦馬，帶著鄰居桑丘充當侍從，準備開始行俠仗義，浪跡天涯。」

那位窮紳士把自己取名為「唐吉訶德」，把他的瘦馬取名為「駑騂難得」，把他暗戀村莊的女孩取名為「杜爾西內婭」。在唐吉訶德的眼中，杜爾西內婭是尊貴美麗的公主。

唐吉訶德一心想要除暴安良、扶危濟貧、主持正義。在他眼中，客店幻化成一座城堡，把野地的風車當作巨人，將路上掀起塵土的羊群當作軍隊，把銅盆當作頭盔。他總是沒頭沒腦地提矛衝殺，每一次的結局都是灰頭土臉，受傷流血，狼狽不堪。在生平最後一仗與白月騎士比武落敗後，他心不甘情不願地騎上瘦馬，與桑丘一路垂頭喪氣地回家。回家不久後，他終於從夢幻中甦醒過來，就此結束一生。他的好友最後給他的評價是：「高尚貴族，英勇絕倫，身經百難，震撼寰宇。」

小男孩讀到此，似乎怦然心動。

多年後，小男孩長大成為大男人史蒂夫，歷經職場叢林生涯，最後轉進成為專業顧問講師，陸續成立了將苑領導工作坊、故事方舟文創工坊、信望愛企業教練工作坊。在剛踏入顧問講師行業時，他也曾花了一年半時間，遍覽近一百本團隊建立相關群書，於二〇〇五年出版了第一本書《團隊建立計分卡》。在受邀「二〇〇五年中國人力資源博覽會」於蘇州發表演講的那天，他站在蘇州的展覽館外，抬頭望著天空，覺得天好藍。他彷彿聽到內心的波濤洶湧：「搶占歷史第一定位，贏得華人民族之光。」該是多年前種下「唐吉訶德」知其不可而為之的因子又在蠢蠢欲動吧！

多年後，大男人史蒂夫已屆知天命之年，有一天他重新閱讀「唐吉訶德」的故事，更瞭解了故事中那位善良、正直、勇敢的唐吉訶德，幻想利用腐朽沒落的騎士精神來改造現實社會，卻屢遭挫敗。雖然故事中他是一個脫離現實、愛幻想、不切實際的悲劇英雄，卻也是作者賽萬提斯用來表達時代背景下，同情人民、反對剝削、嚮往自由的一種人文主義思想。

其實，這位史蒂夫就是我自己成長故事的縮影。當這個社會逐漸浮現「理性有餘，感性不足」的現象時，是否更會懷念這位夢幻騎士的精神呢？正如前蘇聯文學家高爾基（Maxim Gorky）曾說：「稱一個人為唐吉訶德，是對此人的最高讚譽。」

後記 發現、看見、實踐——說故事的美麗人生

「每一個人在生命的某個階段，都會有這樣的經歷：內心的火熄滅了。這時與另一個人的不期而遇，或許能讓它重新點燃。對於那些能夠重新點燃我們心靈之火的人們，我們將永遠感激。」這一段話來自「非洲叢林醫生」史懷哲博士。

二〇一三年的九月，我受邀於台東縣政府，為三百多位幼兒園小朋友說繪本故事。活動名稱是「『嬰』閱響『啟』」，鼓勵嬰幼兒閱讀起步、親子共讀繪本。雖然在企業內訓講授「說故事行銷」、「說故事的領導力」、「說故事學激勵」已有多年經驗，但跟小朋友講繪本故事卻是頭一回。我深怕砸鍋，辜負主辦單位期望，因此忐忑不安，有些勉強。卻也認真找了一本《我變成一隻噴火龍了！》仔細閱讀，並揣摩故事情節。

當天搭了早班飛機飛往台東，當時感冒未癒，忽冷忽熱，喉嚨發炎加上頭痛，一路上只能禱告，求主保佑。不多時，來到寬敞會場，看到幼兒園小朋友魚貫進場，他們的銀鈴笑語、童言童語、歡樂不斷，是我最好的止痛良藥。活動開始，首先由縣長夫人朗讀故事，並帶領故事媽媽們，配合聲光、服飾、道具，邊說邊演，極為精彩。小朋友看得目瞪口呆，聽得笑逐顏開。看到這一幕，我不禁冷汗直流。因為我單槍匹馬，沒有任何聲光道具與人員搭配，深恐在氣勢上就輸了一大截，引不起孩子們的興趣。

硬著頭皮上場，我開始裝可愛。當我手舞足蹈，講了第一句：「好久好久以前，有一隻會傳染噴火病的蚊子，嘴巴尖尖長長，叫做波泰。波泰最喜歡吸愛生氣的人的血。」沒想到台下三百多位小朋友竟然開始比手畫腳，有模有樣地學著蚊子。這給了我信心，於是又接著講：「古怪國的阿古力是一隻很高大的綠色怪獸，很愛生氣，今天一大早，就被波泰叮了一個包。他當然非常生氣。阿古力大叫一聲，噴出了大火，哇！變成一隻噴火龍了！」小朋友又立刻有模有樣地學著怪獸噴火龍。至此，我終於與他們一起沉醉在故事的魔法森林，同時，我也在小朋友一雙雙歡樂且好奇的眼睛中，找到了自信與鼓勵。

那一天的情景至今已有三年多了，但我永遠不會忘記，孩子們給我的掌聲特別熱烈，笑容特別純真。對於那些能夠重新點燃我心靈之火的小朋友們，我將永遠感激。雖然僅是我個人的一點兒棉薄之力，卻真心祝願每一個小小孩都有機會成為「小小愛書人」。

於是我發現：故事啟發了想像力、同理心、幽默感與正向思考。

於是我看見：這個時代需要更多高感性、高關懷的人。

於是我實踐：在每一個平凡的日子裡，我喜歡聽故事、說故事、寫故事。

每次出版也是對於生命中的貴人，表達誠摯謝意的時刻。尤其是在說故事行銷議題上，我曾經授課的客戶（企業、組織、政府與學校單位）：席夢思、中國信託人壽、Luxgen 納智捷汽車、金百利克拉克、盛餘鋼鐵、教育部資訊志工營運中心、經濟部一〇三年度地方產業發展基金、中衛發展中心、鄧白氏、日商OZAKI、慈濟大愛電視台、第一基金會、上奇科技、台新銀行、華邦電子、中華民國資訊軟體協會、紡織研究所、聯合利華、獅子會、扶輪社、亞太聯誼協會、資策會、宜蘭縣政府觀光工廠、中華人事發展協會、宜蘭縣政府壯圍觀光工廠、國立公共資訊圖書館、英泰廣告、交通部高公局、職工福利、汐止農會、台北教育大學、文化大學推廣部、大專生涯發展協會、仁愛國中家長會、桃園蘆竹媽媽家政班等。

其次，感謝業界朋友：蔡麗玲總編、李宛真編輯、喬培偉總裁、李雲萬副局長、蔡文彬博士、林建山社長、羅國書副組長、蘇俊賢經理、李坤處長、趙格慕副課長、蕭世貴總經理、吳桂龍總經理、張秉祖顧問、邢憲生顧問、江德勤總監、趙日新副總、嚴淑女老師、金明瑋女士、簡郡妤女士、黃雯欣經理、傅馨巧經理、俞人鳳小姐、張嘉慧主任、吳佩芬小姐、吳如珊董事、羅奇維經理、戴春美女士、連玉華小姐、陳妍廷小姐、許瑜真小姐、江玉瑛經理、徐儷慈小姐、陳謙老師、陳艾妮女士、郭慎賢協理、張賽青科長、林立昌科長、陳星洲副總、林美秀科長、江博煜先生等。

最後，謹以此書獻給我摯愛的父母與岳父母，感謝他們的支持與包容，以及妻子Ruby給予的鼓勵。願我們都成為「新一千零一夜」的說故事人，傳揚真、善、美，直至永久！

附錄

張宏裕顧問

故事方舟── 說故事經典培訓課程

www.storyark.com.tw

故事帶我們穿越時空，思接千載。
故事帶我們汲取教訓，視通萬里。
故事帶我們理解世界，豐富人生。

故事方舟為您規畫了系列課程──

說故事的領導力

—— 魅力領導，部屬激勵

【培訓效益】

1.運用故事力豐富情感，促進溝通，激發熱情與活力。

2.組織、運用傳誦的故事，當作知識管理的利器，形成獨特的文化。

3.企業領導者運用故事力引領變革，建立高績效團隊。

4.運用故事力學習教練技巧，開啓與成員對話的溝通契機。

【課程綱要】

課程主題	課程內容
激發熱情的故事溝通力	‧故事示範：殘忍的仁慈 ‧領導者傳統溝通方式的缺失 ‧新的說服——先說故事，再講道理 ‧故事力的溝通：吸引注意、激起行動、理性強化 ‧說故事的黃金圈： Who：故事說給誰聽？ What：想說什麼故事？ Why：為什麼要說這故事？ Where：故事的應用場合 ‧故事示範：能還北京藍天嗎？ ‧聽出故事的「價值啟發點」
故事建立信任感	‧故事示範：海爾公司的管理故事 ‧將故事與領導力的元素結合： 創造願景的故事示範與演練 溝通協調的故事示範與演練 激勵授權的故事示範與演練 領導變革的故事示範與演練 親身經歷的故事——事情與心情 ‧Workshop：故事情境發展分鏡表
如何把故事說好？	‧描繪故事角色發展——英雄與敵人 ‧故事結構量表： 時序性的演進、角色發展的互動、 特殊事件的聚焦、共鳴的知覺程度、 因果關係的符合 ‧建立「故事錦囊資料庫」 故事錦囊資料庫——親身經歷 故事錦囊資料庫——他山之石 故事錦囊資料庫——典故寓言 ‧故事示範：創造不平凡的差異

說故事行銷
── 觸動感性情懷，心動才會行動

【培訓效益】

1.運用故事力賦予商品情感和生命力，發揮影響力。

2.突破行銷壁壘，凝聚與客戶間的情感交融。

3.掌握說故事行銷的成功法則，了解客戶回應的方式。

4.運用故事力克服遭到拒絕的恐懼，啓動商品價值與魅力。

5.掌握商品故事關鍵內容，獨立行銷一個新商品，創造商機與訂單。

【課程綱要】

課程主題	課程內容
運用故事傳遞價值，讓顧客慢下來	‧故事行銷的說服方法 ‧故事銷售的影響力 ‧故事可以破除障礙，建立關係 ‧故事要能傳遞核心價值 ‧Workshop：今朝且看我 ‧聽我說故事——人物、情節、結尾 ‧Workshop：寫出故事的「價值啟發點」
運用故事建立信任與共鳴的橋梁	‧商品服務銷售的困擾（問題） ‧故事銷售力的效益 ‧發掘故事源——故事種子 1. 創辦人（或個人）親身經歷 2. 與顧客互動或服務經歷 3. 產品材料、組成的意念 ‧Workshop：找出我的故事源 ‧了解客戶的回應方式
把故事說好——故事銷售腳本製作	‧故事銷售的黃金定律 ‧故事行銷——腳本與故事設計 ‧說故事的三個關鍵點——TTI ‧如何把故事說好？ ‧強化聽眾記憶的說服力

激發創意靈感的自由書寫術

── 行銷企畫、創意思考與簡報文案的祕訣

【培訓效益】

1.開啓心靈對話，聆聽內心聲音，培養感性情懷。

2.進入潛意識深處，找回起初的自我，釐清人生方向。

3.激發靈感，延伸無限創意，走出思維困境。

【課程綱要】

課程主題	課程內容
筆隨心走 樂無窮	‧靈感不是一種天賦 ‧「自由書寫」啟發「靈感」的關鍵過程 ‧自由書寫的效益 ‧筆隨心走任我行——自由書寫的祕訣 ‧讓心裡的野獸狂奔 ‧Workshop：突破抗拒、憤怒、恐懼之心 ‧提煉垃圾中的創意與黃金 ‧Workshop：跟著腦袋裡的想法走 ‧進行新的對話——轉移問題與焦點 ‧Workshop：可以如何換個方式說？ ‧充滿力量的思想與書寫
我思、我寫、 故我在	‧我思、我寫、故我在 ‧出其不意的方向發展 ‧Workshop：運用引導句 ‧解析與重新定義詞彙 ‧Workshop：解析詞彙 ‧進行紙上對話 ‧Workshop：一山再比一山高 ‧生命、情感與價值 ‧突破框架的萬馬奔騰
分享的喜悅是 加倍的快樂	‧原味分享與回饋 ‧Workshop：聊天信 ‧觸動他人的思考聚焦 ‧Workshop：忘了自己 v.s. 找回自己 ‧人生即故事，故事即人生 ‧建立創意點子資料庫 ‧Workshop：我的百寶箱 ‧從專注於著迷的事物開始 ‧Workshop：沉醉東風的恣意

經典培訓課程——張宏裕講師

一、人際溝通力

- 會說故事的巧實力——溫度與情感終將致勝
- 行銷，說出故事力——先說故事，再講道理
- 利人利己的人際溝通——分享、利他、合作的團隊力
- 魅力口才的表達說服——說話有重點、思考有邏輯、上台有自信

二、領導培育力

- 當責與共好的績效力——樂在工作，做到專業
- 「信望愛」教練型領導力——好主管也是好教練
- 工作教導與部屬培育——因材施教的情境領導
- 帶人帶心的團隊領導與激勵
- 航向藍海的領導變革
- 活用孫子兵法的領導統御
- 傑出經理人的管理技能
- 做好績效管理，打造高效團隊
- 接班人的領導培育計畫

三、創新思維力

- 設計思考與跨域創新
- 活用創新思維，分析解決問題
- 時間管理與目標執行
- SOP流程創新的力量

四、服務行銷力

- 感動服務與顧客關係管理——創造共從共榮的價值
- 顧客滿意的服務行銷——服務品質與顧客抱怨處理
- 大客戶銷售管理與談判策略
- 神文案的銷售力——文案創意、故事行銷、自由書寫
- 致勝說服的簡報力

五、心靈成長力

- 正念減壓，提升情緒管理——解決問題之前，先處理心情
- 激發靈感的自由書寫術
- 卓越人生的七個習慣
- 內部講師引導技巧進階培訓

國家圖書館出版品預行編目資料

行銷，說出故事力：傳遞理念&商品價值的49個感召法則 / 張宏裕著.
-- 三版. -- 新北市：雅書堂文化, 2019.03
面； 公分. --（溝通高手；12）
ISBN 978-986-302-478-1(平裝)

1.行銷學 2.說故事

496 108001312

【溝通高手 12】
行銷，說出故事力
傳遞理念＆商品價值的49個感召法則（暢銷經典版）

作 者／張宏裕
發 行 人／詹慶和
總 編 輯／蔡麗玲
執行編輯／李宛真
編 輯／蔡毓玲・劉蕙寧・黃璟安・陳姿伶・陳昕儀
執行美編／陳麗娜
美術編輯／周盈汝・韓欣恬
故事圖卡繪製者／張念璇
出 版 者／雅書堂文化事業有限公司
發 行 者／雅書堂文化事業有限公司
郵政劃撥帳號／18225950
戶名／雅書堂文化事業有限公司
地址／新北市板橋區板新路206號3樓
電子信箱／elegant.books@msa.hinet.net
電話／(02)8952-4078
傳真／(02)8952-4084

2019年3月三版一刷 定價300元

經銷／易可數位行銷股份有限公司
地址／新北市新店區寶橋路235巷6弄3號5樓
電話／(02)8911-0825
傳真／(02)8911-0801